国际爱护动物基金会（IFAW） 保护国际（CI） 资助出版

中国兽类识别手册

Identification Manual for Mammals in China

岩 崑 孟宪林 杨奇森 主编

中国林业出版社

编写单位

中国科学院动物研究所

中华人民共和国濒危物种进出口管理办公室

中国野生动物保护协会

北京师范大学

主　　编　岩　崑　孟宪林　杨奇森

副 主 编　王　蘅　张　立　孙　姗

编　　委（按姓氏笔画为序）

万自明　王万云　韦振逸　安尼瓦尔·木沙　宋淑敏

宋慧刚　李占鹏　李　纯　李晓清　张全如　张　旗

吴建平　汪万森　邱英杰　周志华　林荣强　武明录

范学谦　骆天勇　赵　斌　贾　节　徐龙辉　郭晓毅

高德明　梁贤斌　符积平　龚立民　龚继恩　廖庆祥

编写人员（按姓氏笔画为序）

万自明　王　蘅　史蓉红　吕晓平　孙　姗　宋慧刚

邹　异　陈延熹　张　月　张　立　张劲硕　杨奇森

周志华　孟宪林　孟智斌　岩　崑　钟立成　钟　海

徐龙辉　袁继明　夏　霖　黄新凯　遇达祎

绘画摄影　岩　崑　范学谦　阳平康　张　伟　金　煜　李益彬

陈哲萍　林淑然　王　蘅　万自明

统　　稿　周志华　徐龙辉　王　蘅

策　　划　严　丽　王　蘅　岩　崑

Organizers: Institute of Zoology, Chinese Academy of Sciences
The Endangered Species Import and Export Management Office of the P. R. China
China Wildlife Conservation Association
Beijing Normal University

Chief Editors: Yan Kun, Meng Xianlin, Yang Qisen

Deputy Chief Editors: Wang Heng, Zhang Li, Sun Shan

Members of Editorial Committee (Alphabetically):

Anwar Musha, Fan Xueqian, Fu Jiping, Gao Deming, Gong Jien, Gong Limin, Guo Xiaoyi, Jia Jie, Li Chun, Li Xiaoqing, Li Zhanpeng, Liang Xianbin, Liao Qingxiang, Lin Rongqiang, Luo Tianyong, Qiu Yingjie, Song Shumin, Song Huigang, Wan Ziming, Wang Wansen, Wang Wanyun, Wei Zhenyi, Wu Jianping, Wu Minglu, Xu Longhui, Zhang Qi, Zhang Quanru, Zhao Bin, Zhou Zhihua

Writers (Alphabetically):

Chen Yanxi, Huang Xingkai, Lv Xiaoping, Meng Xianlin, Meng Zhibin, Shi Ronghong, Song Huigang, Sun Shan, Wan Ziming, Wang Heng, Xia Lin, Xv Longhui, Yan Kun, Yang Qisen, Yu Dayi, Yuan Jiming, Zhang Jinshuo, Zhang Li, Zhang Yue, Zhong Hai, Zhong Licheng, Zhou Zhihua, Zou Yi

Authors of Pictures and Photos:

Yan Kun, Fan Xueqian, Yang Pingkang, Zhang Wei, Jin Yu, Li Yibin, Chen Zheping, Lin Shuran, Wang Heng, Wan Ziming

Executive Editors: Zhou Zhihua, Xu Longhui, Wang Heng

Coordinators: Yan Li, Wang Heng, Yan Kun

序

中国地域辽阔，自然环境复杂多样，生物多样性极为丰富，有兽类600多种，占全球种类的12%，是世界上野生兽类种类最多的国家之一，其中亦包括大熊猫*Ailuropoda melanoleuca*、金丝猴*Rhinopithecus roxellanae*、羚牛*Budorcas taxicolor*、华南虎*Panthera tigris amoyensis*、普氏原羚*Procapra przewalskii*、坡鹿*Cervus eldi*、藏羚*Pantholops hodgsoni*等多种特有野生动物种及亚种。它们的分布遍及全国，其生境、生物学特征、习性不同，有生活在西部海拔4～5千米高原山地的雪豹*Uncia uncia*、盘羊*Ovis ammon*等大型兽类，有大量分布在森林草原的鹿类、啮齿类、鼬类，还有在江、河、湖泊以及领海中生活的白暨豚*Lipotes vexillifer*、海豚*Delphinus delphis*、斑海豹*Phoca largha*等40余种水生兽类。中国兽类具有种类多、资源丰富、特有性高、子遗物种数量大等特征，生态、科研、经济和文化价值极高，在中国乃至世界野生动物和生物多样性中占有非常突出的地位。保护和发展中国的兽类动物资源，对于保护生物多样性，维护生态平衡，保障经济、社会可持续发展，实现人与自然和谐，具有重要的作用和意义。

多年来，国家先后颁布实施了《中华人民共和国野生动物保护法》、《陆生野生动物保护实施条例》、《水生野生动物保护实施条例》。1988年颁布实施的《国家重点保护野生动物名录》中，列入中国野生兽类130余种，是国家保护野生动物的主体。2000年，国家林业局颁布了《国家保护的有益的或者有重要经济、科研价值的陆生野生动物名录》，共列入兽类6科14属88种。各省（自治区、直辖市）也陆续将本地的一些野生兽类列入省级重点保护野生动物名录。除部分啮齿类动物外，中国分布的其他兽类动物均受到了国家保护。

中国于1981年加入《濒危野生动植物种国际贸易公约》（以下简称《公约》），依据《公约》规定和要求，对《公约》附录相关物种的国际贸易实施管理。林业、农业、海关、外经贸等部门以及中华人民共和国濒危物种进出口管理办公室（简称国家濒管办）先后制订了一系列管理政策，采取有效措施，加强对野生兽类进出口活动的管理。从1997年开始，国家濒管办和海关总署颁布并实施了《进出口野生动植物种商品目录》（即HS编码），进一步加强了对野生兽类及其部分和产品进出口的监管。2006年4月，《濒危野生动植物进出口管理条例》正式颁布，这必将有效推动我国野生动植物贸易管理和履约工作。

中国已经建立了森林和野生动植物类型自然保护区1800多处，占国土总面积的12%以上，有效地保护了野生动物的栖息地和繁殖地。开展了野生动物资源普查和常规监测工作，初步摸清了资源本底和消长情况。实施野生动植物保护工程，建立了野生动物拯救繁育基地250多处，对濒危珍稀物种进行抢救性保护，大熊猫、金丝猴、东北虎*Panthera tigris altaica*、华南虎、孟加拉虎*Panthera tigris tigris*、野马*Equus przewalskii*、高鼻羚羊*Saiga tatarica*、麋鹿*Elaphrus davidianus*等许多濒危物种种群不断发展壮大。初步建立起野生动物疫源疫病监测防控体系，在防治“非典”、“禽流感”等重大公共卫生事件中发挥了积极作用。

各地大力扶持和发展野生动物驯养繁育产业，梅花鹿*Cervus nippon*、马鹿*Cervus elaphus*、猕猴*Macaca mulatta*、食蟹猴*Macaca fascicularis*、麝*Moschus* spp.、貉*Nyctereutes procyonoides*等野生动物人工种群快速发展，正由利用野生资源为主向以利用人工资源为主转变，逐步满足医药、医学实验、生产生活以及科研、教育、文化事业发展的需求，许多动物产品还大量出口，成为中国重要的外贸资源之一，并促进了农区、林区经济发展和产业结构的调整。近年来，一大批繁育中心、野生动物园和动物园相继建立，引进和繁殖了大量濒危物种，恢复和增加资源量及生物多样性。为鼓励和支持野生动物驯养繁殖业的发展，国家林业局于2003年发布《商业性经营利用驯养繁殖技术成熟的梅花鹿等54种陆生野生动物名单》，将已经驯养繁殖成功的14种兽类列入该名单内，允许商业性利用。

自1982年起，在全国范围内连续开展“爱鸟周”和“野生动物宣传月”活动，普及了科学知识，使全民保护野生动物的意识不断提高。举世瞩目的“2008年奥运会”即将到来之际，由广大人民群众广泛参与选出的“奥运会吉祥物”，中国特有动物大熊猫、藏羚名列榜中，这足以说明人们对野生动物的钟情，充分反映了人们对人与自然和谐发展的美好憧憬。

多年来，各级政府加强保护野生动物的执法工作，开展对野生动物栖息地、运输、加工点、市场、口岸等各环节的执法，先后组织开展了"可可西里一号行动"、"南方二号行动"、"猎鹰行动"、"春雷行动"等专项执法行动，严厉打击了乱捕滥猎、非法加工利用、走私野生动植物及其产品不法活动。

为配合野生动物保护管理特别是执法工作，继1992年编辑出版了《国家重点保护野生动物图谱》后，从2000年开始，国家濒管办的专业人员会同相关科研、教学单位的专家，编辑并陆续出版了《常见龟鳖类识别手册》、《常见贸易鸟类识别手册》、《常见蛙蛇类识别手册》等工具书，提供给海关、公安、工商以及基层管理部门，在实际管理和查验现场中使用，对有效开展贸易管理、履约执法工作提供了重要帮助。上述书籍还被用于国际交流，显示了中国对相关野生动物的研究成果，以及对执法、管理工作的全面关注，受到广泛的赞誉。

根据上述工作经验，以及实际工作的需要，为推动对兽类动物的贸易管理和履约执法，上述相关人员又联合编写了《中国兽类识别手册》，对贸易中涉及的野生兽类种类分类地位、保护级别、分布、形态特征和习性等进行了概要介绍，并为各物种配以生动逼真的手绘图片和照片，极具科学性、知识性、实用性，将为各级野生动物主管部门、濒危物种进出口管理机构以及海关、公安、工商等执法部门的工作人员进行野生动物保护、管理和执法查验、鉴定工作提供很好的参考，特别是对加强野生动物国际贸易环节的执法和管理提供一定的帮助。本书也可以用于执法培训、宣传教育和普及科学知识等方面。

我受编者的委托，特为该书作序。我希望《中国兽类识别手册》的出版，对加强中国兽类以及相关物种的保护管理，促进全面履行《公约》，服务执法，推动中国野生动物保护事业的健康发展，发挥应有的作用。

国家林业局 副局长
中华人民共和国濒危物种进出口管理办公室 主任 赵学敏

2006年5月

Preface

China has a vast territory, a complex natural environment and rich biodiversity. Over 600 species of mammal were found in China, which account for 12% of all mammals around the world. As one of the countries with the richest mammal fauna in the world, China has many endemic species or subspecies, e.g. giant panda *Ailuropoda melanoleuca*, golden monkey *Rhinopithecus roxellanae*, takin *Budorcas taxicolor*, South China tiger *Panthera tigris amoyensis*, Przewalski's gazelle *Procapra przewalskii*, Eld's Deer *Cervus eldi* and Tibetan antelope *Pantholops hodgsoni* et al. Depending on their biological characteristics and habitat needs, these species cover a wide range in China, from snow leopards *Panthera uncia* and argali *Ovis ammon* living on the high mountainous plateaus of 4000-5000 meters, to deer, rodents and weasels living in forest and grassland areas; and whitefin dolphin *Lipotes vexillifer*, common dolphin *Delphinus delphis*, Hair seal *Phoca largha* and other aquatic mammals inhabiting rivers, lakes, brooks and the territory seas. With vast species, rich resources, many endemic and living fossil species or subspecies, the mammals of China have high ecological, scientific, economic and cultural value, and play an extraordinary role in biodiversity both in China and the world. Conserving and developing mammal resources in China will contribute to biodiversity conservation, ecosystem balance, sustainable development as well as achieving harmony between human and nature.

Chinese government has promulgated a series of laws and regulations concerning wildlife, such as the Wild Animal Protection Law of the People's Republic of China, the Terrestrial Wild Animal Protection Implementation Regulation, the Aquatic Wild Animal Protection Implementation Regulation, and the List of National Key Protected Wild Animals (1988) which includes 130 mammal species. In 2000, the State Forestry Administration promulgated the List on the Terrestrial Wild Animals under State Protection Which are Beneficial or of Important Economic or Scientific Value. Six families, 14 genera and 88 species of mammals were included in this list. The provincial governments (autonomous regions or municipalities) also included some local mammals in their provincial lists of key protected wild animals. Except some rodents, all mammals in China have been protected by the government.

China entered the Convention on International Trade in Endangered Species of Wild Fauna and Flora (CITES) in 1981. According to the requirements of CITES, international trade in species in the CITES appendices has been regulated. The authorities in forestry, agriculture, custom and foreign trade, as well as the Endangered Species Import and Export Management Office of the People' s Republic of China (CITES Management Authority of China, hereafter referred as CNMA) formulated a series of management documents to enhance management on the international trade in wild mammals. Since 1997, CNMA and General Administration of Customs jointly promulgated and implemented the Commodity List of Wild Fauna and Flora for Import and Export (e.g. the Harmonized System Code), to further enhance management and monitoring of the import and export of wild mammals, their parts and products. In April 2006, the Regulation on the Management of Import and Export of Endangered Species of Wild Fauna and Flora was formally promulgated, this will effectively push forward the wildlife trade management and CITES implementation in China.More than 1800 nature reserves for protecting forest and wildlife have been established in China, covering 12% of China' s land mass. These nature reserves have effectively protected the habitat and breeding area of many wild animals. Population monitoring and surveys have been carried out, which tentatively provided baseline data. The National Conservation Program for Wild Fauna and Flora was initiated and more than 250 rescue and breeding bases for wildlife have been established for conserving endangered and rare species. The populations of many endangered species have grown, such as giant panda, golden monkey, Siberian tiger *Panthera tigris altaica*, South China tiger, Bengal tiger *Panthera tigris tigris*, wild horse *Equus przewalskii*, saiga antelope *Saiga tatarica* and Pere David' s deer *Elaphrus davidianus*. The Monitoring, Preventing and Controlling System for Diseases and their Wild Origins had been tentatively established, which played an active role in preventing diseases such as SARS and Avian Influenza.

The domestication of wild animals and the captive breeding industry have received support from local governments. The captive populations of many wild animals, such as sika deer *Cervus nippon*, red deer *Cervus elaphus*, rhesus macaque *Macaca mulatta*, crab-eating macaque *Macaca fascicularis*, musk deer *Moschus* spp., white fox *Alopex vulpes*, blue fox *Alopex vulpes*, mink *Mustela vison* and racoon dog *Nyctereutes procyonoides* have grown quickly. Much of the demand from the medicinal industry, medical experiments, public consumption, scientific research and education are satisfied by the captive population rather than from the wild. Export of wildlife and their products have become an important part of international trade for China, and achieving economy development for the region. In recent years, a group of breeding centers, safari parks and zoos had been established, to increase the captive breeding populations of endangered species. To encourage and support the raising and breeding of wild animals, the State Forestry Administration promulgated the List of 54 Terrestrial Wild Animals Which Can Be Commercial Utilized and whose Captive Breeding Technique Proved Successful, in which fourteen mammals that had been successfully captive bred are included and their commercial utilization is allowed.

Education and public awareness activities such as "Bird Week" and "Wildlife Protection Education Month" have been carried out throughout the country since 1982, to publicize scientific knowledge and increase public awareness on wildlife conservation. The 2008 Beijing Olympic Games has chosen two mammal species endemic to China, the giant panda and the Tibetan antelope as mascots. This demonstrates people's love of wildlife and their yearning for harmony of human and nature.

The authorities at different government levels have taken law enforcement action against illegal wildlife trade. Enforcement actions were taken at different links of the illegal wildlife trade chain, from poaching in their natural habitat, to transportation routes; from processing plants to markets and ports where wildlife smuggling is conducted. A series of special wildlife law enforcement operations have been taken, such as the Kekexili No.1 Action, South China No.2 Action, Falcon Action, Spring Thunder Action et al. These operations struck a heavy blow to illegal hunting, over-exploitation, processing, utilization and smuggling of wildlife and their products.

In order to facilitate wildlife conservation, management and especially law enforcement, in collaboration with experts from research and education institutions, since 2000, CNMA edited and published a series of identification manuals, e.g. Identification Manual for Common Trade Birds, Identification Manual for Common Turtles and Tortoises, Identification Manual for Common Frogs and Serpents et al. These ID manuals were made available to authorities in Customs, police, industry and commerce management and front line wildlife law enforcement. These ID manuals were found to be invaluable in assisting effective trade management, CITES implementation and wildlife law enforcement. As examples of China's wildlife research, management and enforcement output, these books received recognition and compliments in the international wildlife conservation community.

Based on previous experience and to meet the practical needs in improving CITES management and law enforcement for the conservation of mammal species, I therefore proudly present Identification Manual for Mammals in China. This manual documents the mammals commonly found in trade in China by their taxonomic classification, conservation status, distribution and biological characteristics. Both hand drawn pictures and photos are used to provide more detailed comparison and identification. The manual is both informative and practical.

I am confident that this manual will be very helpful for the authorities in wildlife conservation, import and export management, Customs, police, industry and commerce management etc. to facilitate their work on wildlife conservation, management and law enforcement. No doubt this manual will also be helpful in wildlife law enforcement training and public awareness initiatives.

Consigned by the authors of this book, I wrote the preface. I wish the publication of the Identification Manual for Mammals in China will enhance the conservation and management of wild mammals in China, improve China's compliance and implementation of CITES, facilitate law enforcement, and after all, improve the healthy development of wildlife conservation in China.

Zhao Xuemin

Vice Minister, State Forestry Administration
Director General, the Endangered Species Import and Export Management Office of the P. R. China

Beijing, May 2006.

前言

为配合野生动物保护管理和执法工作，2000年以来，中华人民共和国濒危物种进出口管理办公室（简称“国家濒管办”）的专业人员会同相关科研、教学单位的专家，陆续编辑出版了《常见龟鳖类识别手册》、《常见贸易鸟类识别手册》、《常见蛙蛇类识别手册》等工具书，为海关、公安、工商等执法和基层管理部门在实际管理和查验现场中提供参考，对有效开展贸易管理、履约执法工作提供了重要帮助。上述书籍还被用于国际交流，显示了我国对相关野生动物的研究成果，以及对执法、管理工作的全面关注，受到广泛的赞誉。

根据上述工作经验以及实际工作的需要，为推动对兽类动物的贸易管理和履约执法，我们又组织编写了《中国兽类识别手册》，对我国贸易中涉及的野生兽类动物分类地位、保护级别、分布、形态特征和习性等进行了概要介绍，同时还辅以生动逼真的手绘图片和照片，便于对照识别。

我国的兽类有600余种，因篇幅所限，本书选择了14目53科200种进行介绍，大部分是列入国际贸易公约、国家重点保护和国家有益的或者有重要经济、科学研究价值的物种，还有一些较常见的种类。书中概要介绍了各目主要形态特征，对种的介绍较为详尽，便于准确识别。由于研究者对兽类的分类系统观点不一，本书主要采用《濒危野生动植物种国际贸易公约》的分类系统，并兼顾执行我国保护法规的需要，物种数量也是据此统计的。

本书着眼于科学性、知识性、实用性，同以前出版的几本工具书形成一个独特的系列，可为各级野生动物主管部门、濒危物种进出口管理机构以及海关、公安、工商等执法部门进行野生动物保护、管理和执法查验、鉴定工作提供有益的参考，特别是对加强野生动物国际贸易环节的执法和管理提供一定的帮助。

国家林业局赵学敏副局长十分关心和支持这项工作，并在百忙中专门为本书作序，这不仅给予编写人员极大的鼓舞和激励，更是对我国野生动物保护和履约工作的重要支持。该书的编写和出版，得到了国际爱护动物基金会（IFAW）、保护国际（CI）的资金支持和技术协助，葛芮女士对本书的英文部分进行了审核，在此表示衷心感谢！

由于时间所限，缺点、错误在所难免，望广大读者批评指正。

编　者

2006年5月 于北京

Foreword

In order to facilitate wildlife conservation, management and especially law enforcement, in collaboration with experts from research and education institutions, since 2000, the Endangered Species Import and Export Management Office of the P. R. China, edited and published *Identification Manual for Common Trade Birds*, *Identification Manual for Common Turtles and Tortoises*, *Identification Manual for Common Frogs and Serpents et al.* These ID manuals were made available to authorities in Customs, police, industry and commerce management and front line wildlife law enforcement. These ID manuals were found to be invaluable in assisting effective trade management, CITES implementation and wildlife law enforcement. As examples of China’ s wildlife research, management and enforcement output, these books received recognition and compliments in the international wildlife conservation community.

Based on previous experience and to meet the practical needs in improving CITES management and law enforcement for the conservation of mammal species, we therefore proudly present Identification Manual for Common Mammals. This manual documents the mammals commonly found in trade in China by their taxonomic classification, conservation status, distribution and biological characteristics. Both hand drawn pictures and photos are used to provide more detailed comparison and identification.

Over 600 mammal species ranged in China. The book selected details in 14 order, 53 family and 200 species, most of which are listed either in the Appendices of CITES (the Convention on International Trade in Endangered Species of Wild Fauna and Flora) in the List of National Key Protected Wild Animals, or in the List on the Terrestrial Wild Animals under State Protection Which are Beneficial or of Important Economic or Scientific Value, while some common species were also included. With more general description of order, the book focused more detailed description on the species to assist the user in identification. Because of different view points on mammals terminology, this manual mainly followed the system of CITES (the Convention on International Trade in Endangered Species Import and Export Management Office of the P. R. China), and also considered the needs of laws implementation in China, the quantity of species are also calculated by this rule.

Aiming to be scientific, informative and practical, Identification Manual for Common Mammals compliments the previously published ID manuals and completes the series. We are confident that this manual will be another very helpful tool for the relevant authorities in their work on wildlife conservation, management and law enforcement. It will facilitate their identification of mammal species in trade, improve CITES implementation and enhance law enforcement to combat illegal international trade in wildlife.

Mr. Zhao Xuemin, the Vice Minister of the State Forestry Administration of the P. R. China fully supported this manual and wrote the Preface of it although he is very busy. His support not only greatly encouraged the editors and writers of this manual, but also support the wildlife conservation and implementation in China. The editing and publication of Identification Manual for Common Mammals received both financial and technical support from the International Fund for Animal Welfare (IFAW) and Conservation International (CI), Ms. Grace Gabriel reviewed the English content of this manual, we hereby express our sincere appreciation.

With time limitation, the book may unavoidably contain shortcomings and errors. We welcome comments and suggestions from readers.

The authors

Beijing, May 2006.

目 录

鳞甲目　PHOLIDOTA

灵长目　PRIMATES

食肉目　CARNIVORA

鳍足目 PINNIPEDIA

海牛目 SIRENIA

鲸目 CETACEA

长鼻目 PROBOSCIDEA

奇蹄目 PERISSODACTYLA

偶蹄目 ARTIODACTYLA

啮齿目　RODENTIA

哺乳纲

MAMMALIA

哺乳纲（兽类）动物是脊椎动物中最高等的动物群，以乳腺分泌乳汁哺育幼仔，这一点有别于其他动物。除原始的单孔类外，绝大部分兽类都具有如下特征：大脑半球皮层特别发达，故嗅觉、听觉、视觉等感觉器官特别灵敏；体表被毛（少数种类除外），胎儿通过胎盘与母体联系，胸腔和腹腔之间有肌肉质的横隔膜，心脏4室，仅具左主动脉弓；肛门与泌尿生殖器分别开口于体外。四肢适于行走，末端具爪、蹄或趾甲，水栖的鲸、儒艮等前肢发展为鳍状，后肢退化。头骨无前、后额骨和方轭骨，枕骨下方有两个枕髁与颈椎相连，下颌骨由1对齿骨组成，左右齿骨之前缘相连，后端与脑颅部的鳞骨直接相连。耳骨3枚，连成1列，颈椎骨一般为7枚。

目前生存于世界上的兽类约有20目137科5400种左右。我国有14目55科600余种。

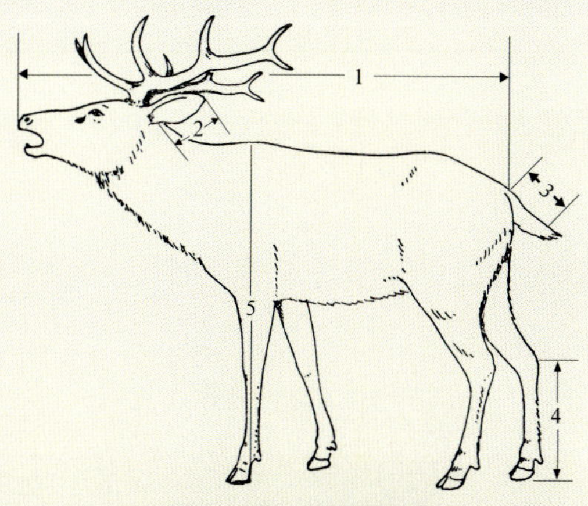

兽类（鹿）的外形测量

1.体长　2.耳长　3.尾长　4.后足长　5.肩高

食　虫　目

INSECTIVORA

本类动物外形似鼠，是最原始的胎生哺乳类。体型小，最小者体重仅有2g。吻部尖细且长。营地下生活的种类眼和外耳均较退化。四肢短，通常有5趾，具锐利的爪，适于掘土。

栖息环境多种多样，不论森林、草原、高山、平原、城市和村落都有它们活动的足迹。营地栖或地下穴居生活，少数种类营半水生生活。多在夜间活动，杂食性，以各种昆虫和蠕虫为主要食物，兼食植物果实和种子。

食虫目现存8科，在我国分布的有猬科（Erinaceidae）、鼹科（Talpidae）和鼩鼱科（Soricidae）3科52种。

毛　猬 *Hylomys suillus*

别　　名　小老鼠、小毛猬

英 文 名　Lesser gymnure

形态特征　体长101～135mm，尾长20～25mm，体重34～52g。头骨的眶后突不发达或几乎缺失。吻尖。背毛橄榄褐色，腰臀部较深，为茶褐色，腹毛除颏喉部毛尖稍显黄色外，其余为白色。四肢各具5趾，前后足趾腹面呈栉棱状。尾短，这点与一般鼠类有别。

生态习性　栖息于潮湿的热带雨林或低山灌木丛、次生杂木林中。栖居于树洞、石穴和土洞中，白天藏匿洞内，入夜后单独外出觅食。杂食性，以各种昆虫和软体动物为食，也食野果、种子等。是猬科中比较原始的种类。

地理分布　仅在云南西部、南部和东南部有发现。国外分布于苏门答腊、加里曼丹、马来半岛、中南半岛等地。

海南毛猬 *Neohylomys hainanensis*

英文名 Hainan gymnure

形态特征 体长120～147mm，尾长36～41mm。外形似鼠，体重可达70g。头骨的眶后突不发达或几乎缺失，吻较鼠类尖长。体毛柔软。体背面鼠灰色，稍染棕黄色，背脊从头顶至尾基部有一条黑色纵纹，前深后淡，有些个体的黑色纵纹到臀部后消失；腹毛基部浅灰而毛端乳白色；四肢内侧毛染有黄色。四肢各具5趾，前后足趾腹面呈栉棱状。尾较短，尾上面灰黑色，下面白色。

生态习性 栖息于地势较高的热带雨林和热带次生林中，居住在石穴、枯树洞和木堆中。夜间活动，常出没于采伐迹地。捕食各种昆虫，也食植物种子和嫩草。中国特有种。

地理分布 仅在海南省的吊罗山、尖峰岭、白沙及琼中有发现。

刺 猬 *Erinaceus europaeus*

别 名 刺球子、普通刺猬、毛刺、猬鼠

英文名 Common hedgehog, European hedgehog

形态特征 体长约220mm，尾长30mm左右，体重360～1000g。体肥、矮，几呈球形；体背及体侧多被棘刺，刺基部2/3为白色，刺端黑色或黑棕色。耳短，几乎隐于棘刺中。自头顶至吻部以及脸面部均被污白色长毛。腹部刚毛污白色。四肢各具5趾，前足污白色，后足淡棕色。不同亚种毛色有差异。

生态习性 栖息于山地森林、草原、荒漠灌丛中，多在树丛、老树根及石缝、洞穴、草丛等处栖居；白天隐匿，傍晚及晨昏活动。捕食各种昆虫及幼虫，兼食无脊椎动物和小型脊椎动物，也食植物根、果及瓜类等。

地理分布 广泛分布于北部地区及长江流域。国外见于欧洲、朝鲜等地。

保护级别 国家保护的有益的或者有重要经济、科学研究价值的陆生野生动物。

达乌尔猬 *Hemiechinus dauuricus*

英文名 Daurian hedgehog

形态特征 体长约210mm，尾长约30mm，体重500g。头骨的眶后突不发达或几乎缺失。耳较大，露出棘毛之外；耳后经背至尾背面全部被棘，但棘较细短，尖端白色，次端棕褐色，中部白色，基部又是棕褐色，故整体呈浅褐色。幼兽的棘仅中段白色，两端棕褐色。腹部毛为浅土黄色，四肢各具5趾，四足浅灰褐色。

生态习性 主要生活在北方草原地带，尤其在平坦低洼处数量较多。栖息于树洞或石穴，有时住旱獭的弃洞，有冬眠习性。日隐夜出，捕食各种昆虫及其幼虫，也食鼠、蛙、蛇等各种小动物和植物果实、种子等。

地理分布 内蒙古、吉林和河北的北部地区。国外分布于蒙古等地。

保护级别 国家保护的有益的或者有重要经济、科学研究价值的陆生野生动物。

林　猬 *Mesechinus hughi*

别　　名　秦岭刺猬、秦巴刺猬、侯氏刺猬

英 文 名　Shaanxi hedgehog

形态特征　体长154mm，尾长16mm，后足长38mm，体重约350g。头骨的眶后突不发达或几乎缺失。耳较长，明显突出棘毛外。吻较宽阔，头部毛褐色或浅褐色，自枕部经背至尾部被褐白相间的棘刺，故显浅褐色。单毛从尖端到基部分布为黑褐—白—褐—白相间色环。颈侧、肋部和腹部毛为浅褐色。四肢各具5趾，前后足背为棕褐色。中国特有种。

生态习性　与其他种刺猬相似。

地理分布　陕西、甘肃、山西、四川、河南。

缺齿鼹 *Mogera robusta*

别　名 大缺齿鼹、鼹鼠

英文名 Large Japanese mole

形态特征 体长可达198～220mm，尾长30mm，体重94～215g。体型结构适于地下生活，眼很小，吻部削尖，外耳几乎消失，头小，吻尖长；眼小，无耳廓，外耳孔完全隐于毛中。颈粗短。身体扁圆筒形。体毛细密而柔软，具光泽，似天鹅绒状。背毛棕褐色，毛尖深灰色。腹毛比背毛短，棕灰色，中央杂有深棕黄色泽。四肢短，具5趾，前肢发达，整个前足向外翻转。指爪粗大有力。

生态习性 栖息于较松软的土壤和沙质、半沙质土中；潮湿、土质松软，腐殖质丰富的地方为理想的生活环境。营地下生活，在其活动的地域中挖掘许多隧道，并将土推出地面，形成一堆堆小土堆。以昆虫及其幼虫和蚯蚓为食，每年5～6月间繁殖，每窝产仔8～10只。

地理分布 黑龙江、吉林、辽宁林区。国外分布于朝鲜、日本等地。

甘肃鼹 *Scapanulus oweni*

别　　名　甘肃长尾鼹

英 文 名　Kansu mole

形态特征　体长85～103mm，尾长38mm左右，后足长约15mm，体重30～37g。体型结构适于地下生活。吻部削尖，身体扁圆筒形，眼很小，外耳几乎消失，颈粗短。具5趾，前足长而平扁，较细小，比其他鼹鼠的挖掘力较弱；后足第一趾位置偏外侧，爪弧形、强壮，其余4趾直而细长。通体毛赭灰或棕黄色，具金属光泽，毛基部为灰色。尾粗长，覆有茂密的短毛。

生态习性　生活在较松软的土壤和沙质、半沙质土中，在地表土层下面行走，其走过的路径地表有突起的土层。主食昆虫。中国特有种。

地理分布　甘肃、云南、四川、青海。

巨鼹 *Talpa grandis*

别　　名　宽齿鼹、峨眉鼹

英 文 名　House shrew，Musk shrew

形态特征　体长137mm，尾长16mm，体重86g。体形结构适于地下生活，体肥短而扁圆。吻尖，具沟槽；眼极小，外耳退化。臼齿比其他鼹鼠宽大。颈粗短。体毛柔软，似丝绒状，具光泽。背毛棕黑色，腹毛色较浅淡。具5趾，前足宽阔呈掌状，掌面斜向外侧。指爪粗大有力。尾短，尾端钝，似棍棒，长有稀疏的长毛。

生态习性　生活在中、低海拔的山地、丘陵和平原地区的森林、灌木草丛中，营地下生活，其生活方式似其他鼹。喜食深藏地下的蚯蚓和各种昆虫幼虫。春季3～4月繁殖，每胎产2～3仔。

地理分布　四川峨眉山、云南。

水麝鼩 *Chimmarogale himalayicus*

别　　名　喜马拉雅水鼩、水耗子

英 文 名　Himalayan water shrew

形态特征　器官构造适于水生。体长96～106mm，尾长80～91mm。躯体显细长，吻部延长而尖细，被毛甚密且口须多。眼极小。耳较短，具耳壳，耳孔内有瓣状对耳屏，在水中活动时即关闭，以防水侵入。躯体被毛致密，不易被水渗透。体背毛黑灰色，毛尖棕色，腹毛较浅，呈浅褐色。躯体及四肢均细弱。足爪细小，足及各趾的边缘生有由白色刚毛构成的毛栉。尾长接近体长，其后段两侧亦具白色刚毛形成的毛栉。

生态习性　栖息于山区溪流、水库、小沟旁的灌木草丛中，营水陆两栖生活。主要捕食昆虫及幼虫，也食小鱼、虾和蝌蚪等。

地理分布　四川、山西、西藏、云南、贵州、福建、湖北、湖南、安徽、江苏、浙江、陕西、宁夏、广东、广西。国外分布于越南、老挝、缅甸北部等地。

普通鼩鼱 *Sorex araneus*

别　名　尖嘴老鼠

英文名　Eurasian common shrew

形态特征　体长65～80mm，尾长27～46mm，体重7.5g以上。耳壳短，几乎全隐于毛中。上颌第一门齿之后尖呈侧扁形，前后尖之基部等宽。齿尖栗红色。四肢纤细，前后足具5指(趾)，趾端具侧扁的利爪。背毛棕褐色或黑褐色，腹毛灰褐或灰白色。尾长约为体长之半。尾上面棕褐色，下面灰白色。

生态习性　常见于山地森林地带，尤喜在采伐迹地的倒木、枯树枝堆下居住。杂食性，以昆虫为主食，兼食植物种子、果实。多在春季怀孕，每胎产5～10仔，幼仔出生6周后性成熟。

地理分布　内蒙古、西藏、黑龙江、吉林、陕西、甘肃，在四川、云南亦有记录。国外分布于欧亚大陆。

灰麝鼩 *Crocidura attenuate*

别　　名 香鼩鼱、灰鼩、白齿鼩、尖嘴老鼠

英 文 名 Common gray shrew

形态特征 体长70～89mm，尾长38～58mm，体重约10g。躯体及四肢细弱。吻尖长，吻须向后伸超过耳基部。眼小。耳较短，耳廓明显，可见于毛外。背毛暗灰褐色，略带金属光泽；腹毛暗灰色，尖端染浅棕色，毛基部暗灰色。足爪细小。尾上下均被稀疏长毛。

生态习性 栖息于山地林区，尤喜在山溪河谷两岸灌木丛中活动，针阔混交林下草丛中也常有发现。以昆虫为食。传播钩端螺旋体病，对人类健康不利。

地理分布 西藏、云南、四川、贵州、安徽、浙江、江苏、江西、福建、湖北、湖南、广东、广西、海南、台湾。国外分布于缅甸北部、锡金、不丹等地。

树 鼩 目

SCANDENTIA

体形似鼠，尾毛蓬松，酷似松鼠。吻较尖长，又像鼩鼱。前后足均具5指（趾），末端有长而弯曲锐利的爪。尾毛长并向两侧分散，尾长接近体长，耳短圆。

头骨的眶后突发达，颧弓完全，形成一骨质眼环。脑室较大。这些形态特征与原始的灵长类相似，故其分类地位一直意见不统一。最初认为它们属于食虫目，后来又归入灵长目，Corbet等（1980）将树鼩独立成一目为攀鼩目（或称树鼩目）。

本目仅树鼩科（Tupaiidae）1科6属。分布于亚洲东南部。我国有1属1种8个亚种，分布于云南、四川、贵州、广西、西藏、海南。

树鼩 *Tupaia belangeri*

别　名　石鼠、屎鼠

英文名　Tree shrew

形态特征　体长约175mm，尾长165mm，体重约180g。吻尖长，尾毛蓬松，耳短圆。体背毛以橄榄褐色为主，颈侧有淡黄色条纹；腹毛由灰色至污白色，不同亚种而略有变化。背腹之间毛色界线分明。四肢指（趾）端爪弯曲而锐利。前后足均具5指（趾），末端有长而弯曲锐利的爪。尾长接近体长，尾毛与体色相同。尾两侧毛横生，故尾显扁平。

生态习性　栖息于热带、亚热带森林中。营地栖或树栖生活（居树洞或地穴），昼夜活动，以晨昏最为活跃。常在地面枯枝乱叶间、倒木柴堆处寻觅食物，有时进入林间村尾觅食。善爬树，常攀爬于树枝间。主食昆虫，也常食植物种子和果实。由于在系统发生上与人类亲缘关系较近，繁殖率又高，是经人工驯养繁殖成功的重要实验动物。

地理分布　西藏、云南、四川、贵州、广西、海南。国外分布于中南半岛、马来半岛、苏门答腊、爪哇、锡金等地。

经济意义　国家保护的有益的或者有重要经济、科学研究价值的陆生野生动物。

翼 手 目

CHIROPTERA

本目是惟一能够飞翔的兽类。前肢高度特化，除第一指外，其余指骨特别延长，第三指骨长几乎等于体长。各指间以皮膜相连，由指端向上至膊骨，向后至体侧和后肢，形成其特有的翼膜。有些种类后肢与尾之间也有皮膜相连，形成骨股间膜。第一指游离，末端具钩爪。部分种类第二指也具有一定程度的游离，通常也具爪。前臂骨仅存挠骨，较肱骨长，尺骨退化。肩带远较腰带发达，胸骨具龙骨突。成体头骨骨缝不明显。多数种类臼齿齿冠呈“W”形排列的齿尖和齿脊，部分种类臼齿齿冠面较平坦。乳头大多数1对，雄性通常有阴茎骨。

夜行性，以发出和回收超声波来定位和觅食。大多数以昆虫为食，也有以果实、花粉、花蜜为食。除了两极和偏远的海岛外，广布于温带和热带地区，栖息于山洞、树洞、植物的卷叶和建筑物内。

翼手目种类多，分布广，与人类关系密切。

翼手目 CHIROPTERA　狐蝠科 Pteropodidae

棕果蝠 *Rousettus leschenaullti*

别　名 果蝠、列氏果蝠

英文名 Fulvous fruit bat

形态特征 前臂长80～99mm。吻似犬吻。耳呈椭圆形，无耳屏。头骨左右前颌骨相接，后部明显向下折转。上颊齿每侧5枚，臼齿齿冠低平，齿34枚。颈背及体腹呈灰褐色，体背毛深褐黑色，翼膜褐黑色。骨间膜甚狭。翼膜止于趾基。尾短，端部游离。

生态习性 白天群栖于大石灰岩山洞中。有时隐藏在椰树和芭蕉等树叶下，或悬挂在洞顶高处。夜出觅食，凌晨归洞。以龙眼、杧果、荔枝等浆果及其花朵为食。

地理分布 福建、广东、广西、海南、江西、贵州、四川、西藏、云南、香港。国外分布于越南北部、泰国北部、印度半岛、缅甸、尼泊尔、不丹等地。

黑髯墓蝠 *Taphozous melanopogon*

别 名 鞘尾蝠、囊翼蝠、黑髯鞘尾蝠、墓蝠

英文名 Black-bearded tomb bat

形态特征 前臂长60～77mm。成年雄体颏下有一小撮黑毛。耳大而直，略呈三角形，耳壳内有细毛，耳屏短，近似方形。眼大。下唇有一肉质裂片。尾自股间膜背面穿出。第二指无指节。眶上突较发达，脑颅宽圆，枕部隆起。上臼齿齿冠具“W”形的齿尖和脊，齿30枚。通常背毛棕褐色，腹毛灰褐色，毛基部均泛白色。

生态习性 通常栖息于石灰岩洞中，集群贴伏在岩壁上，常与其他蝙蝠同处一洞，但不混群。夏季产仔，每胎1仔。晨昏外出觅食昆虫，有时也吃水果。

地理分布 广西、广东、海南、贵州、云南、香港。国外分布于爪哇、中南半岛、印度半岛等地。

印度假吸血蝠 *Megaderma lyra*

别　　名　中国假吸血蝠、大巨耳蝠、大耳蝠

英 文 名　Greater false vampire

形态特征　前臂长约65mm。耳大，椭圆形，两耳基部在额部相连，耳屏双叉状。具简单的卵圆形鼻叶，头骨吻部较短。上颌无门齿，下颌门齿均略呈三叉，齿28枚。第二指具1节指骨，第三指具2节指骨，胫骨长超过前臂长之半；整体背部较平缓。上体淡灰棕色，下体较浅淡。毛基深灰，毛尖灰白色。无尾。

生态习性　栖息在山洞、建筑物和树洞中。结群，季节性可集结千余只的大群。夜行性，黄昏后出外觅食。以昆虫和小型脊椎动物如小蛙、小鸟、小蝙蝠等为食。

地理分布　福建、广东、广西、海南、湖南、贵州、四川、云南、西藏。国外分布于亚洲南部地区。

马铁菊头蝠 *Rhinolophus ferrumequinum*

别　　名　暗褐菊头蝠、大菊头蝠

英 文 名　Greater horseshoe bat

形态特征　前臂长58～64mm。吻鼻部有复叶的叶状突起，形成特殊的鼻叶，显著区别于其他蝙蝠。鼻叶两侧及下方有一较宽的马蹄形肉叶，中央有一向前突起的鞍状叶，两侧内凹。耳大而宽阔，端部尖，无耳屏。上颌第一前臼齿甚小，位于齿列外。齿32枚。体背毛浅棕褐色，毛基淡灰棕色；腹毛淡灰棕色，翼和股间膜棕褐色。

生态习性　栖息于岩洞、古建筑物中，常单独悬挂在洞顶。同一洞中可见有多种蝙蝠，但不混群。晨昏外出觅食昆虫。有冬眠习性。4月末出蛰，6月产仔，每胎1仔。

地理分布　吉林、辽宁、河北、河南、山西、陕西、贵州、四川、云南、广西、浙江、安徽。国外分布于欧洲、朝鲜、日本、巴勒斯坦、锡金、摩洛哥等地。

皮氏菊头蝠 *Rhinolophus pearsoni*

别　名　Pearson's horseshoe bat

形态特征　前臂长51～60mm。耳较小。鼻叶复杂，马蹄叶宽大，覆盖上唇；鞍状叶两侧近中部各有一凹刻，形成上部窄而基部宽；连接叶自鞍状叶顶端起呈圆弧形向下延伸，其后缘明显低于鞍状叶顶端，连接叶和鞍状叶之间无凹缺；顶叶高耸，先端削尖。翼膜止于胫基，股间膜后缘较平，不呈锥状。前颌骨为软骨。颧宽略大于后头宽，几乎等宽，故整个头骨从上面观似长方形。上颌第一前臼齿甚小，位于齿列中。体毛长而柔密，背毛暗褐色或棕褐色，腹毛稍淡。

生态习性　栖息于潮湿岩洞中，集数只或10余只的群体，与同一洞中别种蝙蝠不混群。晨昏外出觅食昆虫。有冬眠习性。

地理分布　安徽、福建、广东、广西、贵州、湖北、湖南、江西、浙江、陕西、四川、西藏、云南。国外分布于越南北部、印度等地。

绒菊头蝠 *Rhinolophus luctus*

别　名　大菊头蝠、多毛菊头蝠、毛面菊头蝠、台湾大叶鼻蝠、羊毛蝠

英文名　Woolly horseshoe bat

形态特征　前臂长66～73mm。鼻叶复杂，马蹄叶发达，覆盖鼻吻部，两侧无小副叶，鼻孔内无外缘突起，并衍生成杯状鼻间叶；鞍状叶基部向两侧扩展成翼状，使鞍状叶成三叶形；连接叶先端圆弧形，远低于鞍状叶顶端，与鞍状叶之间无凹缺；顶叶高耸，狭长呈舌状。头骨较狭长，颧宽大于颅宽。鼻骨隆起呈泡状，眶间距较窄。上下颌的小前臼齿都在齿列中。体毛长而密，软而略显卷曲。上体毛棕褐或灰褐色，毛尖隐约有灰白色，似霜；下体毛色稍淡。

生态习性　栖息于岩洞中，可与别种蝙蝠同处一洞，但总是单只独挂在洞顶，且一般是在离洞口不太远的较亮处。黄昏时分见两三只结群飞翔捕食昆虫。

地理分布　安徽、福建、广东、广西、贵州、江西、浙江、湖南、四川、海南、云南。国外分布于斯里兰卡、老挝、缅甸、锡金、印度半岛等地。

大耳双色蹄蝠 *Hipposideros pomona*

别　　名　小蹄蝠

英 文 名　Bicolored leaf-nosed bat

形态特征　前臂长约43mm。耳长19～24mm，耳大、宽而圆，对耳屏低而与耳壳全部相连。鼻叶复杂，马蹄叶中央缺刻，两侧无小副叶；中叶不发达；顶叶有两纵隔。雌雄均具额囊腺。头骨小而薄脆，狭长。吻短，稍微鼓起。眶间部狭小，脑颅部宽圆，人字脊不明显。体毛柔软，上体毛棕褐色，毛基灰白色；下体毛较浅，呈灰白色。

生态习性　栖息于潮湿的岩洞中，通常集数百只大群，同洞中可见别种蝙蝠。秋天交配，翌年4月产仔，每胎产1仔。夜间活动。纯食虫，以鳞翅目昆虫居多。

地理分布　福建、广东、广西、海南、湖南、四川、云南、台湾、香港。

大蹄蝠 *Hipposideros armiger*

别　名 大马蹄蝠、普通蹄蝠

英文名 Himalayan leaf-nosed bat

形态特征 前臂长83～98mm。耳大，呈三角形。马蹄叶略呈方形，其两侧各具4片小副叶；马蹄叶上方为一横列的中叶，中央具3片突起的纵棱，再其后为顶叶。额部中间有一腺囊开口；头骨吻部由前向后逐渐升高，呈斜坡状；上颌第一小前臼齿位于齿列外。上体棕褐色，下体毛黄褐色，毛基暗褐或栗褐。

生态习性 通常栖息于大岩洞内，集结数十只或数百只的大群，同洞中可见多种蝙蝠，但不混群。昼伏夜出。以昆虫为食。

地理分布 安徽、福建、广东、广西、海南、贵州、湖南、湖北、江苏、江西、陕西、四川、浙江、云南、西藏、香港、澳门、台湾。国外分布于越南北部、缅甸、马来半岛、恒河上游等地。

普氏蹄蝠 *Hipposideros pratti*

别　　名　黄大蹄蝠、柏氏蹄蝠

英 文 名　Pratt’s leaf-nosed bat

形态特征　前臂长82～92mm。耳大而宽，对耳屏低小。马蹄叶略呈方形，中间具凹缺，两侧各具两片小副叶；马蹄叶上方有一横列的中叶，其后为顶叶；顶叶之后有2片大形叶状突起，尤以雄体更发达，在突起分叉处有腺囊开口和一束直竖的长毛。头骨鼻吻部低而宽，其背部几与腭部平行，不呈斜坡状，矢状脊发达，向前垂直下降。第一上前臼齿较小，位于齿列外。上体前背毛淡棕色，后背毛褐色，毛基淡棕色；下体毛淡棕色。

生态习性　栖息于潮湿阴暗的大岩洞内，集结数十只或数百只的大群，同洞中可见多种蝙蝠，但不混群。夜间出洞活动。食昆虫。

地理分布　安徽、福建、广东、广西、贵州、海南、湖北、湖南、江苏、江西、陕西、四川、浙江和云南。国外分布于越南北部、缅甸、泰国、马来半岛。

宽耳犬吻蝠 *Tadarida teniotis*

别　名　皱唇蝠、欧亚皱唇蝠

英文名　European free-tailed bat

形态特征　前臂长54～65mm。吻部突出；上唇厚，较下唇宽大，具纵行褶皱。耳宽阔，几呈方形，其内缘加厚，双耳在额部极其接近。股间膜窄。尾长，有一半以上从股间膜后缘穿出，呈游离状。足趾外缘具硬毛。齿32枚，第一枚前臼齿位于齿列中。体毛短，上体毛暗褐色或灰黑色；下体毛色较浅，翼膜浅褐色。

生态习性　主要栖息于山洞中，白天结小群潜伏在岩洞、悬崖石缝中，也隐藏于民房等建筑物缝隙内。通常独处，不与其他种蝙蝠共处。晨昏外出觅食昆虫。初夏产仔，每胎1仔。有冬眠习性。

地理分布　安徽、福建、广西、河北、北京、四川、内蒙古、黑龙江、云南、台湾。国外分布于中亚、日本、欧洲、埃及等地。

23 中华鼠耳蝠 *Myotis chinensis*

别　名 大鼠耳蝠、中国鼠耳蝠

英文名 Chinese mouse-eared bat

形态特征 前臂长69～71mm。耳长且端部较狭窄，向前折可达或接近吻端。耳屏长而直，约为耳长之半。翼膜止于趾基。头骨吻部微上翘；脑颅部近圆形，矢状脊和人字脊均明显。上颌有2对向中间斜生的小门齿，第二前臼齿小，位于齿列中。面部毛深褐色或烟灰色。上体毛乌褐色，毛尖沙褐色。下体毛暗灰色。尾长不及体长。

生态习性 栖息于大岩洞中，单只或数只高挂在岩洞顶壁，有时与大足鼠耳蝠混群。有冬眠习性，易惊醒。晨昏外出觅食昆虫。

地理分布 浙江、福建、广西、四川、云南。国外分布于欧洲、阿富汗、伊朗等地。

大足鼠耳蝠 *Myotis ricketti*

别　名　大足蝠、里氏大足蝠

英文名　Rickett' s big-footed bat

形态特征　前臂长54～61mm。头骨吻背中央和两侧各具一凹陷。耳较短，向前折不达吻端。耳屏较短，端部稍尖，长不及耳长之半。颧弓细，后部向外扩展呈角形。脑颅较平，听泡较小，上颌第二前臼齿小，位于齿列内侧。翼膜止于胫部中间或基部。体毛短，呈绒毛状。上体毛浅褐灰色，下体灰白色。后足特大，连爪与胫部几乎相当。尾末端一节尾椎从股间膜后缘穿出。

生态习性　栖息于阴暗潮湿的大山洞中，常聚集数十只或数百只以上的群。群中常可见有中华鼠耳蝠的个体及其他蝙蝠。晨昏外出捕食大量昆虫。中国特有种。

地理分布　福建、安徽、江西、广西、江苏、浙江、山东、山西、云南、香港。

25 南蝠 *Ia io*

别名 大夜蝠

英文名 Great evening bat

形态特征 前臂长71～81mm。吻背较平直，枕部向后上方突起。耳略呈三角形，前折不达吻端。耳屏较短，内弯，端部钝圆，肾形。头骨较大而坚实，矢状脊发达。上颌外门齿较小，仅及内门齿齿缘的高度；下颌门齿具3齿尖。面颊几乎裸露无毛，两耳前端内侧有密毛。下颌中央有一簇硬毛，其下有颌下腺开孔。上体毛烟褐色，毛基深褐色，毛尖灰褐色；下体毛略浅。足粗大，足连爪总长超过胫长之半。

生态习性 栖息于大岩洞中，三五只或十余只成群潜伏在洞壁高处，同洞中有别种蝙蝠。昼伏夜出，以昆虫为食，尤嗜食蚊虫。

地理分布 安徽、广西、贵州、云南、湖北、江苏、江西、四川、陕西，我国是该种的主要分布区。国外分布于印度东北部及东南亚。

东方蝙蝠 *Vespertilio superans*

别名 大蝙蝠、东亚蝙蝠、雏蝠、褐黄蝙蝠

英文名 Eastern bat

形态特征 前臂长46～54mm。耳短宽，端部稍圆，略呈钝三角形，两耳相隔甚远；耳屏短，不及耳长之半，端部钝圆。翼膜止于趾下部，距缘膜很窄。头骨吻部低扁而短阔，其背面两侧各有一长圆形凹陷。腭部前端凹缺向两侧扩展，其宽大于深度。上颌内门齿大于外门齿，上门齿与犬齿间有齿隙；第一前臼齿缺失。上体毛灰棕色，毛基黑褐色，毛尖灰白色，杂有花白细纹；下体毛浅棕白色。尾端从股间膜后缘穿出约2mm。

生态习性 栖息于建筑物的缝隙、天花板夹层内和树洞中，单只或数只小群，也有聚集数百只的大群。晨昏捕食飞虫。

地理分布 福建、甘肃、广西、河北、北京、河南、黑龙江、湖南、江西、辽宁、内蒙古、山东、山西、陕西、四川、云南、台湾。国外分布于朝鲜、蒙古、北海道、东西伯利亚。

褐山蝠 *Nyctalus noctula*

别　名 山蝠、绒山蝠、夜蝠、中华山蝠

英文名 Brown noctule

形态特征 前臂长50～55mm。耳短宽，呈钝三角形，耳端钝圆，耳廓后缘抵达口角；耳屏短宽，略呈肾形。翼狭长，翼膜止于趾部。股间膜呈椎状，距缘膜较发达。第五指短，其长度仅略超过第三或第四掌骨之长；指趾间无肉垫。头骨吻部较高而宽短，颅顶扁阔。上颌外门齿小于内门齿，第一前臼齿很小。体毛短而绒密，具光泽。上体毛色深褐或棕褐色，胸部毛稍带沙灰色，下体毛较浅淡。

生态习性 栖息于建筑物、树洞和山洞等处，通常集群潜伏在天花板夹层、房檐和墙缝内，有时与伏翼、棕蝠等同栖一处。夜出捕食蚊类等小飞虫。怀孕期约2个月，哺乳期约3周，每胎产1～2仔，以2仔居多。有冬眠习性。

地理分布 安徽、北京、甘肃、广东、广西、贵州、河北、河南、湖北、江西、辽宁、山东、陕西、四川、新疆、云南、浙江、香港、台湾。国外分布于欧洲、西西伯利亚、中亚、日本等地。

28 扁颅蝠 *Tylonycteris pachypus*

别　名　棒足蝠、竹蝠、黄褐扁颅蝠

英文名　Lesser club-footed bat

形态特征　前臂长 22～28mm。头宽平扁。耳长约等于头长；耳屏短，端部钝圆。第一指基部和趾间具近圆形肉垫。鼻吻部宽短，头骨明显宽扁，脑颅高度仅为宽度之半，呈平缓的斜面。上颌犬齿之后切缘有发达的后尖。上体毛深褐色，毛基浅黄棕色；下体毛棕黄色。雌体体毛多暗褐色。

生态习性　栖息于直立的粗竹茎节间空腔内，以小巧的身体和扁平的体形通过竹茎上的虫洞或裂隙钻入竹腔内，并用足垫挂在竹节处。通常群栖，由一只成体雄蝠、多只成体雌蝠和幼蝠组成群，也有仅由一些雄体组成的群或独栖。晨昏外出觅食昆虫。

地理分布　广西、广东、四川、贵州、云南、香港。国外分布于缅甸、越南、老挝、锡金、苏门答腊、菲律宾、马来半岛等地。

大耳蝠 *Plecotus auritus*

别　　名　普通长耳蝠、兔蝠、兔耳蝠、褐大耳蝠

英 文 名　Common long-eared bat

形态特征　前臂长36～46mm。耳极大，长度超过头长；耳端狭圆，呈椭圆形，双耳在额部相连；耳屏甚长，端部较尖，向前折超过吻端；耳壳内侧有一狭长的皱褶。鼻孔朝上。头骨吻部短阔，中央有一纵沟。脑颅部圆而隆起，听泡较大而圆。下颌具3对前臼齿。上体毛灰褐色；下体毛灰白色，毛尖浅褐色。翼膜深褐色。尾很长，有时甚至超过体长，全部封在股间膜内，或仅尾端穿出一点。

生态习性　栖息于建筑物、树洞和岩洞中，单只或结小群。晨昏外出觅食昆虫。有冬眠习性。每年6月产仔，每胎1～2仔。

地理分布　北京、甘肃、黑龙江、吉林、内蒙古、山西、陕西、云南。国外分布于欧洲、蒙古、日本等地。

长翼蝠 *Miniopterus fuliginosus*

别　名 折翼蝠、大长翼蝠、长指蝠、褶翅蝠、普通长翼蝠

英文名 Long-fingered bat

形态特征 前臂长46～50mm。耳短圆；耳屏小，不及耳长之半，端部钝圆，稍向内弯。翼狭长，第三指的第二指节为第一指节的3倍长。尾长等于或长于体长，全部封在股间膜内；股间膜呈锥状。头骨吻部低而略宽，吻部稍向上翘。颅顶部高隆起，呈球形。上颌第一前臼齿小，位于齿列中。体被丝绒状短毛，上体毛深褐色，下体毛较淡，毛基鼠灰色。

生态习性 栖息于黑暗潮湿积水的大石灰岩溶洞内，积聚成数千只大群，层叠在洞顶岩壁上。晨昏外出觅食，以小飞虫为主，尤以膜翅目、双翅目（蚊）居多。有冬眠习性。每年6月产仔，每胎通常产1仔。

地理分布 安徽、北京、福建、广东、广西、贵州、海南、河北、湖北、湖南、江西、陕西、四川、浙江、云南、香港、台湾。国外见于欧洲、日本、菲律宾、斯里兰卡、缅甸、伊朗北部、澳大利亚北部等地。

金管鼻蝠 *Murina aurata*

别　名 小管鼻蝠

英文名 Little tube-nosed bat

形态特征 前臂长30～33mm。耳短宽，近似卵圆形；耳屏较窄，端部尖细。鼻孔呈管状，稍长，左右分叉。翼膜较宽，止于趾基外缘。股间膜始于距基部，尾端从股间膜后缘穿出约1mm左右。头骨吻部甚低，较细长。脑颅呈圆型隆起，颧弓细而平直。上腭前端较窄，左右齿列前段较靠近，左右犬齿间距仅4mm左右。上体覆以柔软的短毛，杂有细长毛，暗黄褐色，毛尖沾亮金黄色调。下体无细长毛，毛色灰白。翼膜前臂处和股间膜覆有黄短毛。足背覆黑色短毛。

生态习性 栖息于山区的山洞和枯叶丛中，单只或结10余只小群生活。晨昏外出觅食昆虫。

地理分布 甘肃、四川、海南、西藏、云南。国外见于缅甸、锡金、日本等地。

鳞甲目

PHOLIDOTA

本目动物从头至尾披覆瓦状角质鳞，鳞成行排列。头小，圆锥形。用带黏液的长舌舔食蚁和白蚁类。尾长而扁阔，指（趾）爪强大有力。

现代鳞甲目只有1科，即鲮鲤科（Manidae）。我国产1属1种。

穿山甲 *Manis pentadactyla*

别　名　鳞鲤、麒麟、钱鳞甲、龙鲤

英文名　Chinese pangolin

形态特征　体长 500～1000mm，体重 3kg 左右。头尖小，眼睛小和耳短，适应钻洞取食蚂蚁，加上强大而锐利的趾爪，挖山钻洞，更显得心应手。口中没有牙齿，用长舌将粘来的蚁类送进口内即囫囵吞下。

生态习性　穿山甲能适应多种山地生活环境，尤喜欢潮湿的林区，极少在干燥的山岭活动。凭嗅觉寻找蚁巢，再用前爪挖开土层撕毁蚁窝而取食。步行蹒跚，但能泅水，也能上树。主食白蚁和各种蚁类。年产 1～2 胎，每胎 1 仔。

地理分布　分布于长江以南各地，其中以福建、广东、广西、云南、贵州等地多产，四川盆地、湖广平原等地较少。国外在缅甸、锡金、老挝、尼泊尔等地有分布。

保护级别　CITES* 附录Ⅱ，国家Ⅱ级重点保护野生动物。

* CITES——濒危野生动植物种国际贸易公约。

灵 长 目

PRIMATES

灵长目包括人类和猿猴类。本目多数种类的手拇指和脚大趾与其他指(趾)相对，具抓握的能力；指(趾)爪变为指(趾)甲。掌和脚面裸出，形成较耐磨的皮垫。雌性在胸部有乳房1对。颜面裸出，两眼向前，眼间距小。

多生活在热带、亚热带和温带的森林中。群居。杂食性。

数量稀少。多为珍贵稀有种。我国灵长目有3科6属18种。

蜂猴 *Nycticebus bengalensis*

别名 懒猴

英文名 Slow loris

蜂猴皮

形态特征 体长280～350mm，体重0.7～1.5kg。头圆，眼大而圆，耳小，鼻端和眼周棕褐色。背部棕灰色，渐至臀部呈棕红色。头顶至腰部中央有一条棕黑色纵纹。腹面灰白色。后肢较前肢粗壮，外侧毛色棕黄，内侧灰白色。足淡灰色，趾短小，后拇趾发达，第二趾为长尖爪，其他均为扁甲。掌肉红色。尾极小，隐于毛中。

生态习性 栖于热带、亚热带雨林中。树栖，很少下地活动，白天隐藏在树洞或浓密的粗树枝桠上，蜷缩成球形，埋头睡觉，夜晚出来活动。行动十分缓慢，多为攀爬式运动。所有活动均在树上进行。食植物嫩叶、果实和昆虫、蜗牛、小鸟等。繁殖期不固定，妊娠期5～6个月，每胎产1仔。

地理分布 云南、四川、广西。国外见于越南、老挝、缅甸、孟加拉国、印度东北部、柬埔寨、印度尼西亚和马来半岛等地。

保护级别 CITES附录Ⅱ。国家Ⅰ级重点保护野生动物。

猕猴 *Macaca mulatta*

别名 恒河猴、广西猴、沐猴、黄猴

英文名 Rhesus macaque

猕猴皮

形态特征 体长450~510mm，体重4kg左右。尾长为体长之半。前肢比后肢稍短或等长。手足均具五趾，趾甲扁平，黑色。有颊囊；臀胝明显，多为红色。头顶无旋毛，额毛往后覆盖。面部有稀疏黑色短毛；脸颊为肉红色，四周有黑毛。额、头顶为棕黄色，头、颈、肩为灰棕色或棕黄色。后背至臀部、后肢外侧为棕黄色。颈、腹面淡灰色，腹两侧为棕色。前臂外侧浅黄色，内侧灰色。尾背正中黑棕色，尾尖灰黄色。手背黑灰色，足背灰棕色。

生态习性 栖于热带、亚热带和暖温带阔叶林与针叶混交林、竹林，稀疏裸岩地等。多在树上和悬崖峭壁处活动。群居，每群10~60只，甚至达100~200只。健壮得胜者为“猴王”。每日清晨开始活动觅食。杂食性，采食植物果、幼芽、花及竹笋、鸟卵、昆虫等。夜宿岩洞、悬崖或树桠上。繁殖期不固定，妊娠期150~165天。每胎产1仔，偶有2仔。

地理分布 四川、云南、贵州、广东、广西、湖南、湖北、河北、河南、山西、陕西、浙江、江西、安徽、青海、海南等地。国外见于尼泊尔、印度和东南亚等地。

保护级别 CITES附录Ⅱ，国家Ⅱ级重点保护野生动物。

35 熊猴 *Macaca assamensis*

别　名　蓉猴、阿萨姆猴、大青猴、喜马拉雅猴

英文名　Assamese macaque

形态特征　体长560～650mm。体重10～15kg。前肢比后肢稍短或等长。鼻孔朝下，两孔紧密相连。头大脸长，吻突出；面部肉色，头顶有毛旋，顶毛向四周放射。头、颈淡黄色。肩部毛较长。体背棕褐色或棕黄色，腹面淡灰或略染黄色。体毛粗而蓬松；尾毛稀，基部深棕色，尖端稍淡，像裸露的小棍。尾长不及体长之半。

生态习性　栖于热带和亚热带海拔1000～2000m的高山密林中，喜在高大乔木上生活。耐寒冷，群居，一般每群20～30只。昼行性，杂食。食植物果、花、叶、嫩芽和昆虫等，也盗食农作物。

地理分布　云南、贵州、广西、西藏等地。国外分布于尼泊尔、印度、不丹、锡金、老挝、越南、泰国北部、缅甸北部。

保护级别　CITES附录Ⅱ，国家Ⅰ级重点保护野生动物。

红面猴 *Macaca arctoides*

别 名 短尾猴、红脸猴

英文名 Bear macaque

形态特征 体长约650mm。体重约5kg。四肢粗壮，前肢比后肢稍短或等长。鼻孔朝下，两孔紧密相连。尾极短。面部红色，老年紫红色，耳短小。额、头顶毛较长，头顶毛从中间向两侧分开，为灰黑色。下颏乳白色，体背和四肢外侧黑褐色。腹面及四肢内侧为棕褐色。手、足背面黑褐色。初生幼仔全白色。

生态习性 栖于亚热带的常绿阔叶林中，主要在树上生活，偶到地上活动。群栖，昼行性，夜晚在高大乔木的枝桠处休息。食植物的果、花、叶、根茎和竹笋等，也吃昆虫及青蛙等。妊娠期6个月左右，每胎1仔。

地理分布 云南、广东、广西、贵州南部、江西南部、湖南南部。国外分布于越南、老挝、缅甸、孟加拉国、印度、柬埔寨、马来西亚、泰国。

保护级别 CITES 附录Ⅱ，国家Ⅱ级重点保护野生动物。

藏酋猴 *Macaca thibetana*

别　名　藏猕猴、四川短尾猴、青猴、断尾猴、毛面猴、马猴

英文名　Tibetan macaque

形态特征　体长580～710mm，尾长70～90mm。体重15kg左右。前肢比后肢稍短或等长。鼻孔朝下，两孔紧密相连。头较大。吻长。有颊囊。雄性脸肉色，眼周白色。雌性脸红色，眼周粉红色；老年脸灰白色。头顶和颈毛褐色，有棕环。下颏、颊灰褐色。背、腰至尾基、尾背面均为黑褐色。四肢外侧同背色，内侧浅灰色。腹面灰褐色。趾甲黑褐色。

生态习性　栖于亚热带常绿阔叶林、落叶混交林，河溪两岸的森林、灌木林或多岩石的稀树山坡上。昼行性，多在地面上活动，在崖壁隙缝或山洞过夜。群居，小群20～40只，大群多达50～70只。活动时由强壮的“猴王”带领。年老体弱后独居生活。食植物果、叶及竹笋、昆虫、蜥蜴、小鸟等，也盗食农作物。全年均可繁殖，妊娠期6个月左右，每胎1仔，偶有2仔。中国特有种。

地理分布　云南、贵州、四川、福建、浙江、江西、甘肃、湖南、湖北等地。

保护级别　CITES附录Ⅱ，国家Ⅱ级重点保护野生动物。

豚尾猴 *Macaca nemestrina*

别　名　平顶猴、猪猴、猪尾猴

英文名　Pig-tailed macaque

形态特征　雄体长500～770mm，雌体长400～570mm。面部较长，呈肉色，吻长而粗。头顶平坦，具向左右分开的黑色顶毛。颊部具斜向后方的黄褐色长须。耳周毛伸向前方，将耳盖住，形成围绕脸颊的一圈长毛，略似狒狒。具有白眼睑。前肢比后肢稍短或等长。背至尾有一条棕色至黑棕色纵纹，其他部分浅黄色或灰棕色。体毛略有一些棕黑色斑点。尾较细长，尾端毛蓬松。雌性毛色不及雄性光亮。

生态习性　栖居在海拔2500m以下的热带雨林、季雨林、常绿阔叶林，多数时间在树上活动。群居，每群40～50只不等。善攀爬，白天活动和觅食，食植物种子、果实、嫩叶及昆虫、小鸟等。性成熟年龄：雌性约3.5岁，雄性5.5岁。妊娠期170天左右，每胎产1仔，哺乳期6～8个月。

地理分布　云南、西藏（分布于我国的为缅北亚种*Macaca nemestrina leonina*），数量极稀少。国外分布于缅甸、越南、老挝、印度、柬埔寨、马来西亚、泰国和印度东部等地。

保护级别　CITES附录Ⅱ，国家Ⅰ级重点保护野生动物。

滇金丝猴 *Pygathrix bieti* (*Rhinopithecus bieti*)

别　　名 黑猴、雪猴、黑金丝猴、反鼻猴、云南仰鼻猴

英 文 名 Yunnan snub-nosed monkey

形态特征 体长740～830mm，尾长510～720mm。头顶有一尖长的黑灰色冠毛。脸粉白色，唇粉红色。鼻孔向上仰。眼周和鼻部青灰色。颊下部、喉、颈侧、前肩、胸、腹、臀部及四肢内侧均为灰白色。雌性臀部为纯白色。臀部两侧长有白斑。毛白，长可达230mm。四肢外侧及尾均黑灰色。手、足黑色。初生幼仔体浅灰白色，嘴粉红色，四肢趾尖樱桃红色。

生态习性 栖于海拔3000～4000m的高山针叶林，树栖，偶下地觅食昆虫、蜘蛛等小动物。主要以长苞冷杉、云杉等树种的叶、嫩叶、芽苞、果食等为食，喜吃松萝和地衣类；亦食苔藓、竹笋等。群居，每群30～60头不等。序位等级严格，社群稳定。能适应高寒地区的生活。中国特有种。

地理分布 见于云南西北和西藏东南部，澜沧江与金沙江之间，(26°～29° N)，面积约有20000hm^2。另外还有一个同样珍贵的种：黔金丝猴 *P. brelichi* (*R. brelichi*)，其尾长超过身体的长度，两肩之间有一白斑，可与滇金丝猴区别，数量极少，仅分布于贵州东北部。

保护级别 CITES附录Ⅰ，国家Ⅰ级重点保护野生动物。

40

金丝猴 *Pygathrix roxellanae* (*Rhinopithecus roxellanae*)

别　名　川金丝猴、仰鼻猴、金线猴、蓝面猴、金绒猴

英文名　Snub-nosed monkey, Golden snub-nosed monkey

形态特征　体长540~680mm，尾长685mm。唇肥厚突出，成体嘴角上方有很大突起。鼻孔上仰，脸部蓝色，无颊囊。四肢粗壮，后肢较前肢长。头部中央有黑色冠状毛。颊、颈侧棕红色。背部有弯曲的长毛，金黄色，杂有灰褐色长毛，背毛长可达300mm。腹面淡黄色或乳白色。四肢外侧灰褐色，臀部及大腿上部黄白色。手掌、脚掌深褐色，趾尖灰褐色。尾深褐色，尖端白色。雌性色较淡。

生态习性　是典型的森林树栖动物。常年栖息于海拔2000~3000m的阔叶和针叶混交林中。其植被类型和垂直分布带属亚热带山地常绿、落叶阔叶混交林、亚热带落叶阔叶林和常绿针叶林以及次生性的针阔叶混交林等4个植被类型。随着季节的变化，它们不向水平方向迁移，只在栖息的生境中做垂直移动。群居，每群20只至数百只不等。昼行性，夜晚在高大树

上睡觉，清晨发出嘹亮的叫声。食性杂，以植物性食物为主，所食植物达100多种，如冬青、海棠、山楂、板栗、猕猴桃、山葡萄、野樱桃等植物的嫩叶、花及竹笋等。繁殖期不固定，但8～10月为交配盛期；妊娠期6个月左右，每胎产1仔。天敌有豺、狼、金猫、豹及雕、鹫、鹰等。中国特有种。

地理分布 四川的岷山、邛崃山、大雪山和小凉山，甘肃的文县、武都县林区，陕西的秦岭南坡和湖北的神农架山区等。

保护级别 CITES附录Ⅰ，国家Ⅰ级重点保护野生动物。

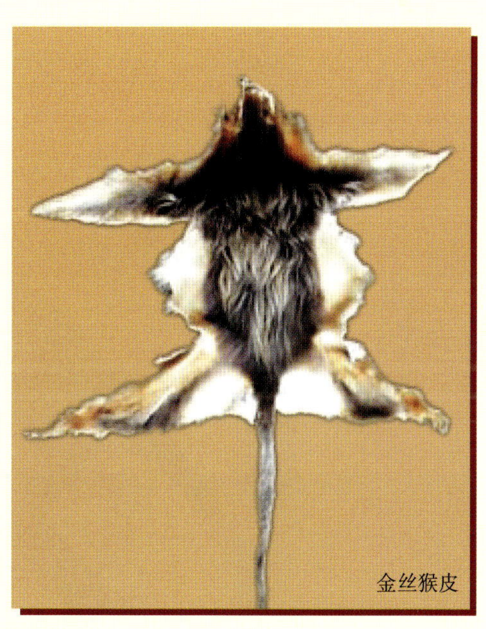
金丝猴皮

菲氏叶猴 *Trachypithecus phayrei*

别　名　大青猴、灰叶猴、伊刚（傣族）、长尾猴

英文名　Phayre’s langur，Phayre’s leaf monkey

形态特征　体长420～600mm，尾长640～860mm。四肢细长，头顶冠毛较长，呈三角形。眼眉处周围呈灰白色，形成白眼圈。上嘴唇至鼻端为乳白色，嘴唇粉红色。眉额之间有黑色毛丛向前伸出，如同眉毛。颜面灰黑色，全身银灰色或略染黄色。头顶浅银灰色。腹部浅黄灰色。手足灰黑色。尾银灰色。

生态习性　栖于热带和亚热带阔叶林中，主要活动于海拔1500m以下的热带雨林和亚热带季雨林及常绿阔叶林区。昼行性。树栖，多在森林高层活动，很少下地。群居，每群10～30只不等。善攀爬和跳跃，很喧闹。晨昏觅食，中午躲在阴凉处休息。食植物的叶、花、果实及鸟卵、小鸟等。

地理分布　云南省哀牢山系及景洪、勐腊、景东、保山、孟连、贡山、云龙等地，数量极稀少，非常珍贵。国外分布于泰国、越南、老挝、缅甸。

保护级别　CITES附录Ⅱ，国家Ⅰ级重点保护野生动物。

黑叶猴 *Presbytis francoisi*

别　名　乌猿、乌叶猴、猿吊猴、黑蛛猴、岩蛛猴

英文名　Black leaf monkey

形态特征　体长480～640mm，尾长800～900mm。头顶有撮直立的黑冠毛。脸黑色；两颊自耳前方基部至嘴角处，各有一道白毛向前伸出，像两撇白胡须。眼周围深褐色。全身、四肢、手足和尾均为黑色，尾端为白色。雌性从会阴区至腹股沟内侧有一块三角形花白斑。幼仔金黄色，脸浅褐色。

生态习性　栖息在热带和亚热带森林的石灰岩地区。群栖，每群4～10只不等，较大群体20只左右，每群有一成年雄猴，有1只到数只雌猴及幼猴。树栖或栖于岩石上，善攀登跳跃，行动敏捷。早晨和傍晚最活跃，每群有1～3个洞穴过夜。食植物嫩芽、花、果实及木棉、蒿笋、沙梨、荔枝等。多在秋、冬季繁殖，妊娠期6～7个月，每胎产1仔，偶有2仔。

地理分布　广西、贵州，数量稀少，非常珍贵。国外见于越南、老挝。

保护级别　CITES附录Ⅱ，国家Ⅰ级重点保护野生动物。

白头叶猴 *Trachypithecus francoisi leucocephalus*

别　名 花叶猴、白叶猴、白头乌猴

英文名 White-headed leaf monkey

形态特征 体长580mm左右，尾长约830mm。头部高耸着一撮直立的白毛，颈部和肩部均为白色。前肢比后肢稍短或等长，如有拇趾则可对握。体毛以黑色为主。尾上半段为黑色，下半段呈白色。手足背面杂有白毛。臀部胼胝发达。

生态习性 栖息于亚热带植被繁茂的岩溶地区，岩栖。在树林中和峭壁上跳跃自如、攀行如飞。群居。清晨，群猴从绝壁上的岩洞中鱼贯而出，在树林中跳跃玩耍和采食树叶、嫩芽、果、花等；中午回洞或在密林中休息；午后再嬉耍觅食；黄昏后，回岩洞睡觉。秋季交配，春季产仔，每胎1仔。初生幼仔全身金黄色。

地理分布 分布区十分狭窄，数量稀少。仅分布于广西南部。

保护级别 CITES 附录Ⅱ，国家Ⅰ级重点保护野生动物。

长尾叶猴 *Semnopithecus entellus*

别　　名　喜山长尾叶猴

英 文 名　Entellus langur，Common langur，Grey langur

形态特征　体长800mm。尾较长，约为体长的110%～156%。头部较圆。吻短。四肢长。额顶有灰白色的毛，呈旋状向外辐射。颊毛、眉毛发达。嘴边有长须毛。面颊有一圈白毛，脸、耳、手、足等都呈黑色。体毛黄褐色或灰棕色，尾同体色。老年个体整体都呈灰白色。

生态习性　栖于海拔2000～3000m高山地带的松林或云冷杉林中，白天多在地上活动。冬天亦能照常在雪地上活动，故又有“雪猴”之称。群居，小群10只左右，大群近百只。跳跃本领极高，能从12m高的树上轻轻跳到地上。清晨和黄昏觅食。以各种树叶、花、果实等为食。妊娠期168～196天，春天产仔，每胎1仔。幼仔黑褐色，面部粉红色，额顶白色。分布于西藏山南地区的西藏亚种，体毛为金黄色，又名“金叶猴”。

地理分布　见于西藏南部，珍贵而稀有。国外分布于斯里兰卡、尼泊尔、克什米尔地区和印度半岛等地。

保护级别　CITES附录Ⅰ，国家Ⅰ级重点保护野生动物。

灵长目 PRIMATES　猴科 Cercopithecidae

戴帽叶猴 *Trachypithecus pileatus*

别　　名　冠叶猴、灰猴、长尾巴猴、黑脸猴、白猴子

英 文 名　Bonneted langur，Capped langur，Capped leaf monkey

形态特征　体长530～710mm，尾长600～950mm。头部毛蓬松，向前伸展，如同戴一顶帽子，故而得名。冠毛深灰色，两颊具浅灰白胡须，向外撇。脸黑色，耳后有一撮白毛。体毛银灰色，背部略深，下腹微带黄色，前胸和四肢银灰色。手足和尾基部深灰色，下半截为黑色。

生态习性　栖于海拔2500m以下的热带和亚热带雨林中。喜在山溪两旁的树冠中跳跃嬉耍。群居，每群10～30只不等。昼行性。树栖，很少下地活动。食植物芽苞、嫩叶、果实等。秋季繁殖，春季产仔，每胎1仔。幼仔全身金黄色或乳白色，脸、耳、手、足均为粉红色。数量极为稀少。

地理分布　云南西北部高黎贡山一带。国外分布于缅甸北部。

保护级别　CITES附录Ⅰ，国家Ⅰ级重点保护野生动物。

白眉长臂猿 *Hylobates hoolock*

别　　名　Hoolock gibbon

英 文 名　黑猴、长手猴、叶猴、呼猴

形态特征　体长440～650mm。头较小，面部短而扁。耳隐于毛中。颈部和臀部较长，腰部较短，四肢肌肉发达。前肢很长，下垂可过膝。后肢短。尾退化。脸黑色。眼睛褐色。有两道白眉毛，不相连接。雄性阴毛为白色。头无直立冠毛，顶毛向后伸呈扁平状。体毛大部为黑褐色，前胸、腹部黑棕色，手足黑色。雌性体毛淡黄褐色，颊较深暗，黑褐色。

生态习性　栖于海拔2500m以下的热带及亚热带常绿阔叶林、热带雨林和季雨林中。营树栖生活，很少下地。在树枝间行动十分迅速，手脚并用，穿梭如飞。家族性群居，雌雄和幼仔组成一小群体。昼行性。食植物嫩芽、叶、花、果实以及昆虫、鸟卵和小鸟等。7～9岁性成熟。春秋繁殖，年产1胎，妊娠期7个月，每胎1仔。初生仔体毛为乳白色。

地理分布　云南西南部，珍贵而稀有。国外只见于缅甸北部及印度东北部阿萨姆。

保护级别　CITES附录Ⅰ，国家Ⅰ级重点保护野生动物。

黑长臂猿 *Hylobates concolor*

别　名　长手猴、黑冠长臂猿、乌猿、猿、潦猴

英文名　Crested gibbon，Black gibbon

形态特征　体长450～640mm，前肢长达560～800mm。头部小，颈部和臀部较长，腰部较短。前肢比后肢长，下垂可过膝。四肢肌肉发达。后肢很短，直立起来不到1m高。两臂伸开可达1.5m左右。雄性成年后全身黑色，头顶有略微耸立的冠毛。眼睛棕色；鼻子扁平，呈鹰钩状。手和手指比脚和脚趾长。尾退化。有黑色臀胝。雌性全身淡黄色，头顶中央为黑色。初生幼仔金黄色，6个月后雄性开始变成黑色。

生态习性　栖息于海拔2800m以下的热带雨林、亚热带常绿阔叶林中。昼行性。树栖，长年在树上活动，在树枝间行动十分迅速。两条长臂穿林越树，如跃平地。能单手挂在树上，双腿蜷曲，荡跃前进，一下能腾空移动3m远。清晨连声高叫，吼声嘹亮。家族性群居，由5～8只组成一个家族。食植物嫩叶、枝、花、果以及昆虫、鸟卵、小鸟等。畏寒，气温低于10℃时，就会发抖，抱作一团取暖。6～7岁性成熟，年产1胎，秋冬季产仔，每胎1仔，孕期7个月。非常珍贵、稀有。

地理分布　云南、广东及海南。国外只分布在老挝、柬埔寨、越南。

保护级别　CITES附录Ⅰ，国家1级重点保护野生动物。

黑长臂猿皮

白颊长臂猿 *Hylobates leucogenys*

别　名 白脸猴、南里（傣语）

英文名 White-cheeked gibbon

形态特征 体长450～650mm。头较小，前肢长，下垂可过膝。后肢短。四肢肌肉发达。颈部和臀部较长，腰部较短。尾退化。营树栖生活，家族性群居。在树枝间行动十分迅速。雄性灰黑色，头顶有隆起的冠毛；脸黑褐色，面颊两侧自嘴角至耳上部各有一块向上伸的白毛。雌性体毛呈灰黄色，无冠毛，头顶有一黑斑，自嘴唇上部围绕一圈淡黄白色的毛。手指和脚趾为黑褐色。

生态习性 栖于海拔1000m以下的热带阔叶林与亚热带常绿阔叶林中。树栖，极少下地。营一夫一妻家庭式群居生活。昼行性。有领域性。每天觅食、睡眠、活动均较固定。以植物嫩枝、叶、芽、果、花及昆虫、鸟卵等为食。7～8岁性成熟。约两年繁殖1胎。孕期7个月，每胎产1仔。

地理分布 云南西双版纳的勐腊、思茅地区的江城和云南东南部等地。是中国、越南、老挝三国交界地区的特有种，珍贵而稀有。

保护级别 CITES附录Ⅰ，国家Ⅰ级重点保护野生动物。

白掌长臂猿 *Hylobates lar*

英文名　Common gibbon, Lar gibbon, White-handed gibbon

形态特征　体长500～580mm。头较小。前肢长，下垂可过膝。后肢短。四肢肌肉发达。颈部和臀部较长。腰部较短。头顶较平坦，毛向后伸。颜面为黑褐色。脸颊周围有一圈极为明显的白毛。耳隐于头部长毛中。雄性黑褐色，雌性黄褐色。胸部为淡棕色。手掌和脚掌均为白色。尾退化。

生态习性　栖于热带和亚热带常绿阔叶密林中。树栖，有领域性。营雌雄配偶式的家庭生活。昼行性。白天在20～30m的高树上用两臂抓树枝腾跃，快速如飞。清晨鸣啼，声音清脆婉转。以植物的嫩枝、叶、芽、果、花以及昆虫、鸟卵、小鸟等为食。每两年产1胎，偶尔年产1胎。妊娠期7个月，每胎产1仔。幼仔8个月能独立生活。7～8岁性成熟。

地理分布　云南西南部，是国内长臂猿中最少的一种，非常珍稀。国外分布于缅甸、马来西亚、泰国和印度尼西亚。

保护级别　CITES附录Ⅰ，国家Ⅰ级重点保护野生动物。

食 肉 目

CARNIVORA

本目动物体格强健，性情凶猛，感观发达。绝大多数种类以肉为主食，少数种类主食植物（如大熊猫）和杂食性（如黑熊和果子狸等），故消化系统简单。足具4～5趾，趾端有弯曲而锐利的爪。

多数种类是地栖的夜行性动物，少数种类营树栖（如椰子猫）或半水栖（水獭）生活。此类动物种类多、价值大。中小型食肉兽还经常捕食鼠类，是老鼠的主要天敌。

我国食肉目有7科33属55种。

藏狐 *Vulpes ferrilata*

别名 藏沙狐、西沙狐

英文名 Tibetan fox

形态特征 体长590～650mm。吻部狭长，犬齿长。四肢细长，腕部及足踝部着地。趾爪弯而粗短，不能伸缩。耳较短，不及后足长的一半。尾粗短，长220～280mm。体毛厚密，背毛稍卷曲，其中央部毛色棕黄；有些针毛的末端或次末端黑色，故掺有灰黑色调。体侧毛银灰色，腹毛棕白色；尾深灰色并现花白，末端接近棕白色。

生态习性 典型的高原种类。多栖居于海拔4000m左右的高原草原、灌丛草原和高寒草甸草原。日夜均见活动。性机警，见人即往山上逃遁，逃跑时还不断回头凝望，若彼此相距较远，则能站立不动。多单独行动。捕食鼠类、野兔、鼠兔和爬行动物，也吃植物性食物。中国特有种。

地理分布 西藏、青海、云南、四川。

保护级别 国家保护的有益的或者有重要经济、科学研究价值的陆生野生动物。

赤狐 *Vulpes vulpes*

别名 狐狸、草狐、红狐

英文名 Red fox

形态特征 体长600～900mm，体重4～10kg。四肢短。吻尖长，耳尖直立。尾毛蓬松，尾长400～600mm。背毛棕黄或棕红色，也有棕白色，随气候或地区不同而变化。喉、胸和腹部毛色浅淡。耳背面上部及四肢外面均趋于黑色。尾上面红褐色，带有黑、黄或灰色细斑，腹面棕白色；端部白色。

生态习性 适应能力较强，在森林、草原、荒漠、高山以及平原、丘陵都能生存。利用其他动物的弃洞或树洞栖居，有时也在大山岩石下栖身。洞中常有几只狐同居，甚至有与獾同栖一洞的情况。主食小兽和鸟类，也捕捉鱼、蛙、蜥蜴和昆虫，还采食野果。多在春季交配，年产1胎，每胎3～6仔，多可达13只。已人工驯养繁殖成功。

地理分布 几乎遍及全国各地。国外分布于欧洲、北美、中亚、东南亚等地。

保护级别 国家保护的有益的或者有重要经济、科学研究价值的陆生野生动物。

沙狐 *Vulpes corsac*

别　名　东沙狐（商品名）

英文名　Corsac fox

形态特征　体长约500mm，体重2～3kg。尾长250～300mm。吻部狭长。冬季体毛呈沙褐色，颊部毛色稍暗，带有明显的花白色调。耳背面棕灰色，耳壳内长白毛。从下颌经喉至腹面棕白色。尾背面棕灰色，末端黑褐色。夏季毛色近淡红色。

沙狐皮（冬）

生态习性　开阔的草原和半荒漠地带。夜行性，白天隐藏于石洞、土穴中。多利用旱獭的弃洞栖身，一般无固定的巢窝。主要捕食鼠兔、田鼠，也食蜥蜴、蛙和各种昆虫。每年1～3月繁殖，孕期约50天，每胎产仔2～11只。雌狐3岁性成熟。已人工驯养繁殖成功。

地理分布　内蒙古、甘肃、宁夏、新疆。国外分布于蒙古、西伯利亚、外贝加尔、阿富汗北部等地。

保护级别　国家保护的有益的或者有重要经济、科学研究价值的陆生野生动物。

貉 *Nyctereutes procyonoides*

别　名　狸、毛狗、土狗、椿尾巴

英文名　Racoon dog

南方皮　　北方皮

形态特征　体长500～650mm。吻尖，颊部生长毛。四肢短。尾短而粗，长约250mm。周身毛长而蓬松，底绒丰厚，体毛黄褐或赭褐色，毛尖多为黑色。两颊连同眼周的毛黑色，形成大斑纹。背毛基部棕色或驼色，体侧毛色较浅。腹毛没有黑色毛尖，四肢下部黑褐色。

生态习性　山地林区，尤喜栖息于接近农作区的丛林边缘。穴居，常利用其他动物的旧洞或营巢于石隙、树洞里。昼伏夜出，一般单独活动，偶见3～5只结群。食性较杂，主食各种小动物，亦食野果、真菌和谷物等。春天交配，怀孕60多天，每胎产5～12仔。已有大量人工驯养繁殖种。

地理分布　东北、西南、华南地区。国外分布于越南北部、日本、朝鲜、俄罗斯等地。

保护级别　国家保护的有益的或者有重要经济、科学研究价值的陆生野生动物。

54

食肉目 CARNIVORA　犬科 Canidae

狼 *Canis lupus*

别　名　灰狼

英文名　Wolf

狼皮（冬）

形态特征　体长100～160cm，尾长35～50cm。外形与大型家犬难分，但狼尾从不卷起。头部、体背面及四肢外侧毛色均显黄褐或棕黄色。其长毛具黑色毛尖，故有灰黑色调。腹面及四肢内侧浅棕或灰白色，尾端略带黑色。毛色随地区不同变化较大。

生态习性　狼对环境的适应能力很强，除热带地区外，其他地区的各种环境均可栖息。其分布以阔叶林居多，草原次之。喜集群活动。听觉、嗅觉和视觉相当发达。捕食各种野生动物，也会攻击家畜。每年繁殖1次，每胎产5～10仔，孕期60余天。

地理分布　除海南岛外广泛分布于全国各地，主要分布在东北地区、内蒙古、西藏。国外广泛分布，但主要见于西欧、北美。

保护级别　CITES附录Ⅱ，国家保护的有益的或者有重要经济、科学研究价值的陆生野生动物。

豺 *Cuon alpinus*

豺皮（冬）

别名 豺狗、红狼

英文名 Dhole, Red dog, Asiatic wild dog

形态特征 体长850～1300mm，尾长450～500mm。吻部较短尖，耳短而圆，四肢较短。尾毛较长，故尾形显得粗大。体毛红棕色，间杂一些黑毛。腹面浅灰棕色；尾毛色同体色，至末端渐变为黑色。体毛色随季节、产地而有所不同。

生态习性 广泛栖息于各种环境。喜结群生活，以便围捕动物。嗅觉灵敏，可凭嗅觉分析猎物气味连续追赶数小时。捕食对象以有蹄类动物（如鹿类、野猪、羚牛等）为主，是珍稀野生动物的主要天敌。繁殖季节多在冬季，雌雄成对生活。年产1胎，孕期约60天，每胎产3～6仔，多达9只。

地理分布 除台湾、海南及其他海岛外，各地均曾有分布。国外广泛分布于南亚、北亚以及东南亚地区，但斯里兰卡和日本未见分布记录。

保护级别 CITES附录Ⅱ，国家Ⅱ级重点保护野生动物。

大熊猫 *Ailuropoda melanoleuca*

大熊猫皮

别　名　大猫熊、竹熊、白熊、花熊、貘

英文名　Giant panda

形态特征　体长1.5～1.8m，体重130～150kg。体毛黑白分明。背毛粗而厚密，腹毛稀少而长。白色的头部耸立一对黑耳，黑眼圈呈“八”字形。吻鼻端黑色，容貌独特。躯干白色中穿插黑色环带，四肢黑色，尾毛全白色。

生态习性　栖于海拔1400～3600m的高山密林、盛产各种竹类的环境中。取食各种竹的竹笋、嫩枝、叶，尤其喜食箭竹、木竹和方竹等，有时也吃野果和小动物及动物的尸体。食量较大，一天能吃下15～20kg竹子。每天还到泉或溪流边饮水。多在清晨和黄昏活动。没有固定的巢穴睡眠。平时单独活动，发情期会上树，发出似犬吠的求偶声。产仔时有固定的巢穴，一般在大枯树洞内或石洞中，幼仔出生后40天睁眼，3个月后站立，6个月才能独立生活。

地理分布　仅分布于四川、陕西、甘肃三省的部分地区，为中国特有种。非常珍贵稀有。

保护级别　CITES附录Ⅰ，国家Ⅰ级重点保护野生动物。

* 有学者将该物种列入大熊猫科 Ailuropodidae。

小熊猫 *Ailurus fulgens*

别 名 小猫熊、九节狼、金狗（商品名）

英文名 Lesser panda，Red panda

小熊猫皮

形态特征 体长约600mm，尾长400mm左右，体重约8kg。头部短宽，鼻吻突出。耳廓尖，耳内有毛，耳基部外侧生有长的簇毛。尾粗长，有红褐或黄白相间的环纹。体毛红褐色，绒毛丰厚，灰褐色。胡须白色，眼圈黑褐色，颈下及腹部黑褐色。四肢和足掌黑色，足底有黄色的绒毛，盖住（蹠）垫。幼仔体毛灰黄色，头部白色，无脸斑，尾灰白色，没有环纹，约1月龄后尾环才隐约显现。

生态习性 生活在1500～4000m的高山峡谷地带，常绿阔叶林或针阔混交林中，尤其喜欢在有竹林的地方活动。利用树洞或石穴栖居，白天躲在洞中或浓荫处，早晚外出觅食。善攀爬，可以在潮湿的苔藓地和岩石上隐步行走。行动缓慢。听、视觉较迟钝。食物以冷箭竹、拐棍竹为主。喜食箭竹的笋和嫩枝。多在春天发情，孕期约4个月，每胎产2～3仔。

地理分布 西藏东部、青海、甘肃、云南、贵州、陕西、四川。国外分布于尼泊尔、缅甸、锡金和印度北部。

保护级别 CITES附录Ⅰ，国家Ⅱ级重点保护野生动物。

* 有学者将该物种列入浣熊科 Procyonidae。

棕 熊 *Ursus arctos*

别 名 罴、人熊、马熊

英文名 Brown bear

形态特征 体长约2m，体重可达400kg。头阔而圆。吻部长，向前突出。鼻阔，鼻端裸出。肩部隆起。前肢腕垫小，与掌垫不相连。体毛棕红色或棕褐色，胸部无倒“V”字形白斑，因而成为与黑熊的区别之处。棕熊的毛色变异较大，主要有暗色型和淡色型。尽管暗色者其毛接近黑色，都始终带有棕色色调。每年脱换毛一次，4~6月脱毛，至11月毛长齐。

生态习性 栖居山区各种森林地带，很少到浓密的高草灌丛中去。冬眠出洞后，多在白天活动，夜间休息。秋天为准备过冬，往往不分昼夜采食。如当地食物不足，便下田盗食农作物。冬眠前5~6天开始挖洞，洞内只住一头熊，幼熊与母熊在一起。杂食性，尤其喜食蜂蜜和大型动物的腐尸。一般单独活动，只有在发情期才能见到几只雄性追随雌性。能直立行走，会游泳，但爬树能力不如黑熊。2年繁殖1胎，每胎产1~2仔，最多5仔。已有人工驯养繁殖种。

地理分布 东北、西北、西南地区。国外广泛分布于北美和欧亚大陆，北半球的森林地带。

保护级别 CITES 附录Ⅰ，国家Ⅱ级重点保护野生动物。

59

黑熊 *Ursus thibetanus* (*Selenarctos thibetanus*)

别　名　狗熊、黑瞎子、狗驼子

英文名　Asiatic black bear

形态特征　体长1.5～1.7m，体重130～250kg。吻部短。耳朵长而显著。前肢腕垫大，与掌垫相连。后足腕垫宽大肥厚。尾短。四肢粗大。颈部两侧的毛特别长，形成簇状毛丛。鼻面部毛色栗棕。胸部的毛最短，有一明显"V"字形白斑。体毛漆黑色，富有光泽。

生态习性　林栖动物。南方的热带雨林和东北的栎林都是它们理想的栖息环境。平时没有固定的巢穴，只在冬眠和繁殖时临时建巢。北方的黑熊有冬眠习性，南方黑熊则终年活动。冬眠者洞穴大多数在树洞和岩穴中。冬眠时只处于"半睡眠"状态，靠体内积存的脂肪维持低水平代谢。食性基本与棕熊同，但黑熊可上树采食各种野果，把有果实的树枝折断，边吃边折，故对经济林有一定危害。6～8月发情交配，孕期6.5～7个月，每胎多产2仔。已有人工驯养繁殖种。

地理分布　国内各地广泛分布，北始黑龙江，南至海南岛以及喜马拉雅山南坡。国外广泛分布于亚洲大陆及其邻近岛屿。黑熊在我国的分布有5个亚种：东北亚种（东北黑熊）*U.t.ussuricus*；台湾亚种（台湾黑熊）*U.t.formosanus*；四川亚种（四川黑熊）*U.t.mupinensis*；指名亚种（西藏黑熊）*U.t.thibetanus*；长毛亚种（喜峰黑熊）*U.t.laniger*。

保护级别　CITES附录Ⅰ，国家Ⅱ级重点保护野生动物。

黑熊皮

马来熊 *Helarctos malayanus*

别　名 狗熊、太阳熊

英文名 Sun bear

形态特征 体长1.1~1.4m，体重50kg以下。肩部有2个毛漩，有一白色“U”形胸斑，胸斑环抱的中央也有1个毛旋。前肢弯弓状，脚爪向内偏，适于攀爬。通体毛呈油亮黑色，但鼻额和嘴吻部呈乳黄或棕黄色。眼圈褐灰色。胸斑马蹄形，棕红色，右侧略宽于左侧。臀部和脚爪略显棕褐色。

生态习性 生活在热带和南亚热带雨林、季雨林及常绿阔叶林中。善爬树，性凶猛。杂食性，捕食各种中、小型动物和采摘植物种子、果实，有时盗食和破坏农作物。每胎产1~2仔，孕期3个月。幼仔18个月性成熟。由于分布区域狭窄，数量已极稀少。目前已有人工驯养繁殖种。

地理分布 仅分布于云南的东南部。国外分布于越南、老挝、缅甸、印度、柬埔寨、马来西亚、泰国。

保护级别 CITES 附录 I，国家 I 级重点保护野生动物。

紫貂 *Martes zibellina*

别名 貂、貂鼠、赤貂、黑貂

英文名 Sable

紫貂皮（冬）

形态特征 体长400mm左右。头部呈三角形，吻鼻部圆钝，鼻部中央具明显的纵沟；耳大直立。尾长125～175mm，仅及体长的1/3。体毛有灰褐、黄褐和黑褐3种类型。头颈部毛色较体躯部浅淡，耳边缘污白色。喉、胸部有不定形的色斑，颜色多为淡黄或橙黄色；腹部毛色较淡。另一个种石貂 *Martes foina*，外形与紫貂相似，但其喉胸部有鲜明的“V”字形白斑可与之区别。

生态习性 生活在气候寒冷的寒温带针叶林和针阔混交林中。行动敏捷灵巧，善爬树，在树上捕食跳跃自如。筑巢于石缝、树洞或树根之下。营定居生活，但也常因食物和气候的变化而迁移。一般独居，各自在一定范围内寻食。以捕食小型动物（如鼠类、松鼠、兔、鸟及鸟卵）为主，也会采食松籽及浆果等。已有人工驯养繁殖种。

地理分布 新疆、内蒙古及东北地区。国外分布于亚洲北部亚寒带针叶林区。

保护级别 国家Ⅰ级重点保护野生动物。

黄喉貂 *Martes flavigula*

别　名　蜜狗、青鼬、黄腰狸

英文名　Yellow-throated marten

黄喉貂皮

形态特征　体长410～595mm，尾长350～405mm，头较尖细。耳小而圆。四肢较短。爪弯曲而锐利。头和尾均呈黑褐色，体背前半部棕黄色，后半部黄褐色；喉、胸部腹面鲜橙黄色，腹毛灰白色；四肢棕褐色。尾长超过体长之半。

生态习性　各种林型均能适应，居住树洞或岩穴中。晨昏最活跃，成对或多头一起出没。行动隐蔽，常在树上活动，采食野果和鸟蛋。性情凶猛，常集小群围歼比自己大几倍的动物如麂和小鹿，尤嗜吮血和食蜂蜜，故有“蜜狗”之称。多在春夏季产仔，每胎多产2仔。

地理分布　除新疆、青海等地未见记录外，各地都有分布。国外分布于朝鲜、中南半岛、马来半岛、印度、苏门答腊、加里曼丹、爪哇等地。

保护级别　CITES 附录Ⅲ，国家Ⅱ级重点保护野生动物。

63 貂熊 *Gulo gulo*

貂熊皮

别　名　狼獾、月熊、飞熊

英文名　Wolverine

形态特征　体长760～860mm，尾长约180mm。头大，吻短；两耳短圆，隐于毛中。四肢较长。尾短。尾毛粗长，呈丛状下垂。颈、背、四肢及尾下端的毛质粗长、光亮，近似黑色。背毛间杂少许白色长针毛。绒毛细密，灰白色。两肋至后腿基部的长毛为背毛长的2倍以上。横过尾基部向前，沿左右腹侧至肩部，有一条宽的浅棕色带纹。

生态习性　栖居于寒冷地区的森林中。穴居，洞穴多在倒木或悬岩乱石间，但多是临时洞。有时住熊穴或狐洞。洞穴起码有两个洞口，以便遇险时逃跑。昼伏夜出。除繁殖季节外，一般单独活动。性凶猛机警，视觉敏锐，善长途追踪猎物。以各种动物为食，甚至会下河捕鱼，偶食松籽和浆果。春季产仔，每胎产2～3只，多达5只。

地理分布　东北、新疆阿勒泰和内蒙古，数量稀少。国外广泛分布于欧亚和北美大陆北部。

保护级别　国家Ⅰ级重点保护野生动物。

白鼬 *Mustela erminea*

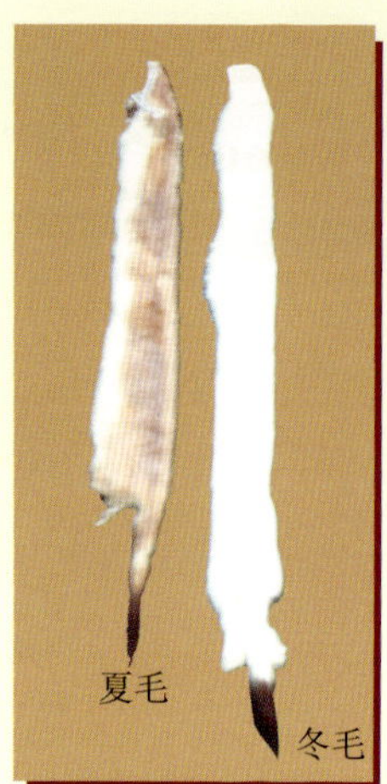

别　　名　扫雪鼬、扫雪（商品名）

英 文 名　Stoat，Ermine

形态特征　体长200～300mm，尾长60～100mm。四肢短小，接近圆柱形。吻部钝圆，耳小而圆。尾短，仅为体长的1/3。夏毛背面灰棕色，喉、腹及四肢内侧为白色。冬毛全身变白，仅尾末端黑色。

生态习性　栖息环境多样，从森林到荒漠，从高山到平原草甸、沼泽地、沙丘及耕作区均有分布。夜行性，黄昏开始活动，有时白天也能见到。白鼬有自己的领域，常在领域内的石头、树桩、树干上留下分泌物作标记，以示其领域范围。视觉和听觉十分敏锐，行动迅速快捷。善爬树，会游泳。主要捕食啮齿动物和其他小动物。年产1胎，每胎产3～9仔，哺乳期30～40天。

地理分布　新疆、甘肃、内蒙古、黑龙江、吉林、辽宁、山西、河北、陕西。国外广泛分布于欧亚北部、北美、日本、蒙古、阿富汗和中亚细亚东南部。

保护级别　国家保护的有益的或者有重要经济、科学研究价值的陆生野生动物。

伶鼬 *Mustela nivalis*

别　名　银鼠、白鼠

英文名　Weasel，Least weasel

形态特征　体长130～280mm，尾长20mm左右。身体细长，四肢短，耳小。雄体比雌体大。冬、夏毛异色。夏毛的头、体背面褐色或咖啡色，腹面白色；背、腹之间分界明显而整齐。冬季全身被毛纯白色。

生态习性　与白鼬类似，但较喜欢干燥的地域。通常单独活动，常在白天觅食。以小型啮齿动物为食，对消灭啮齿（老鼠）类有益。有较固定的猎食区域。经常侵占小型啮齿动物的巢穴为窝，也利用倒木、岩穴和草丛作隐蔽场所。伶鼬一年内可吃掉3500只老鼠，亦兼食小鸟、蛙类和昆虫。年产1～2胎，每胎产3～7仔。是鼠类的主要天敌之一。

地理分布　内蒙古、黑龙江、吉林、辽宁、河北、四川、新疆。国外分布于朝鲜、日本、蒙古、欧洲、北美、非洲北部。

保护级别　国家保护的有益的或者有重要经济、科学研究价值的陆生野生动物。

香鼬 *Mustela altaica*

别　　名 香鼠

英 文 名 Mountain weasel

形态特征 体长210～260mm，尾长100～145mm。尾毛比体毛长，故显蓬松。冬、夏毛色不同。夏毛体背部暗棕黄色，向两边体侧毛色逐渐浅淡。下颏白色，腹部及四肢内侧为淡黄色。冬毛全身黄褐色，背、腹界线不清，尾末端毛色较深。

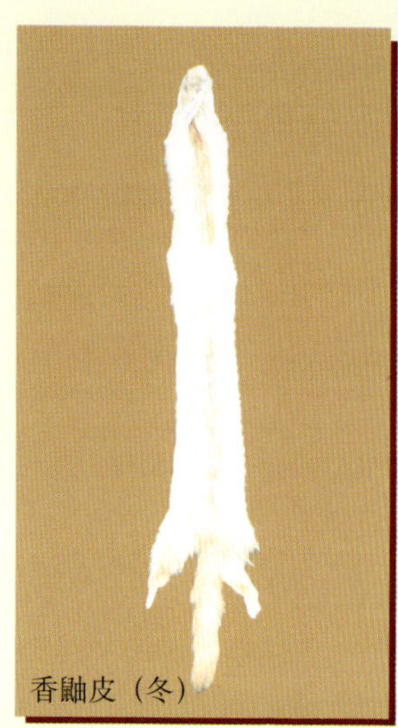
香鼬皮（冬）

生态习性 栖息在森林草丛、高山草甸及灌丛，也见于3000m以上的高山荒漠地带和河谷地区。多单独活动，不分日夜，但以晨昏时分更活跃。栖于乱石堆、岩隙或树洞中，亦常利用其他动物的弃洞建巢。以小型动物如鼠兔、黄鼠等为食，也上树捕鸟或潜水捉鱼。多在春天交配，孕期40多天，每胎产7～8仔。

地理分布 西藏、新疆、青海、内蒙古、黑龙江、吉林、辽宁、四川。国外分布于克什米尔地区、锡金、阿尔泰、蒙古、中亚及贝加尔等地。

保护级别 CITES附录Ⅲ，国家保护的有益的或者有重要经济、科学研究价值的陆生野生动物。

黄鼬 *Mustela sibirica*

黄鼬皮（冬）

别　名　黄鼠狼、黄狼

英文名　Siberian weasel, Kolinsky

形态特征　体长250～390mm，尾长135～180mm。四肢短。头小而颈长。耳壳短宽。鼻垫基部及上、下唇为白色。喉部及颈下常有白斑。肛门腺发达。四肢的5趾间有很小的皮膜。冬季尾毛长而蓬松。体毛基本为棕色，可随不同地区和不同季节而变化。腹毛稍浅淡，但背腹毛色无明显的分界。夏毛颜色较深，几乎为褐色。

生态习性　栖息环境多样，从平原、丘陵、山区到高原的各种生境均有分布，尤以平原地区种群数量较大。甚至可在村庄、乡镇和城市中生存、繁殖。平时栖居乱石和倒木下，只在繁殖时和冬季有较稳定的洞穴。性凶残。遇险时，可从肛门腺分泌臭气驱敌。主要捕食鼠类和各种小动物，偶尔伤害家禽。春季发情，孕期30～40天。每胎产5～6仔，或10只以上。

地理分布　国内各地广泛分布。国外分布于西伯利亚、朝鲜、日本等地区。

保护级别　CITES附录Ⅲ，国家保护的有益的或者有重要经济、科学研究价值的陆生野生动物。

黄腹鼬 *Mustela kathiah*

别　名　香菇狼、松狼

英文名　Yellow-bellied weasel

形态特征　体长约268mm，尾长136～170mm，尾长而细。雄性个体比雌性大。背、腹毛色分界明显。身体被短毛。背部、体侧、尾及四肢咖啡褐色；腹面和四肢肘部淡黄色或黄白色。

生态习性　黄腹鼬与黄鼬的栖息环境、活动规律、食性等基本相似，但活动范围不如黄鼬广泛。

黄腹鼬皮（冬）

地理分布　广东、广西、云南、福建、浙江、四川、陕西、湖北、台湾。国外分布于尼泊尔、越南、老挝、缅甸及恒河上游等地区。

保护级别　CITES 附录Ⅲ，国家保护的有益的或者有重要经济、科学研究价值的陆生野生动物。

艾 鼬 *Mustela eversmanni*

别　　名 地狗、两头乌、艾虎

英 文 名 Steppe polecat

艾鼬皮（冬）

形态特征 体长290～460mm，尾长70～170mm。雄性个体比雌性大。趾爪粗壮锐利。体背面棕黄色，在腰、后背及臀部有较多的黑色毛尖，所以后体为黑褐色较深。体侧淡棕色。鼻周和下颌白色，眼上前方有卵圆形白斑。身体背面及尾基部2_3段为淡棕色。 颏、喉部棕褐色。胸、腹和四肢黑褐色，尾末端黑褐色。另一个种小艾鼬 *Mustela amurensis*，体型较小，体毛为鲜艳的淡赭黄色，体背后部及臀部无或少黑毛而与本种相区别。

生态习性 栖息于草原、森林和灌木丛中，营独栖生活。夜行性，行动敏捷。性凶猛，会游泳，也能上树。自挖或利用弃洞作窝，窝内有杂草和兽毛。捕食鼠类为主，也食鸟蛋和鱼、蛙。甚至还吃一些浆果和坚果。春季发情，孕期2个月。每胎产3～5仔，多可达18只。已成功进行人工驯养繁殖。

地理分布 黑龙江、吉林、辽宁、内蒙古、新疆、山东、山西、陕西、河北、甘肃、宁夏、青海、西藏等地。国外分布于西伯利亚、乌苏里、克什米尔、高加索北部、哈萨克斯坦、欧洲东部等地区。

保护级别 国家保护的有益的或者有重要经济、科学研究价值的陆生野生动物。

虎鼬 *Vormela peregusna*

别　名　葡萄貂（商品名）、花地狗、臭狗子、马艾虎、花地龙

英文名　Marbled polecat

形态特征　体长270～350mm，尾长约200mm。鼻吻部短，耳椭圆形。四肢粗短，前脚爪比后脚爪长而锐利。全身交错遍布的黄褐色或粉棕色花斑纹是其最容易辨认的特征。体后部花斑更繁密。额上横过一条宽的白色带纹，经耳下延至喉部几成环状，但不连接。喉、胸、腹及四肢为黑褐色。尾毛蓬松，尾尖浅黑褐色。

生态习性　荒漠、半荒漠草原地区的代表动物。洞穴结构较简单，有1～3个洞口，洞口圆而光洁，洞深可达5m，洞道有分支和贮藏食物的“粮仓”。常侵占鼠或其他小兽洞穴。平时多单独行动，夏季常结群，行走时群体前后紧密相跟，排成“一”字队，花斑在身上闪烁，像闪光的蛇，故有“花地龙”之称。主要捕食荒漠中的鼠类、蜥蜴和小鸟，也常挖洞捕食各种洞栖鼠类。入冬前，将捕到的鼠类库存入洞，以备过冬。遇到敌害，亦能放出奇特的臊臭味驱敌。春季发情，孕期2个月左右，每胎产4～8仔。是草原鼠类天敌。

地理分布　内蒙古、陕西、宁夏、青海、甘肃、新疆。国外分布于蒙古、俄罗斯。

保护级别　国家保护的有益的或者有重要经济、科学研究价值的陆生野生动物。

鼬獾 *Melogale maschata*

别　名 猸子狸、白鼻猪、山獭

英文名 Chinese ferret-badger

形态特征 体长340～380mm，尾长140～190mm，体重不超过1.5kg。鼻吻突出如小猪鼻，颈粗短，耳短圆而直立。趾爪侧扁而弯曲，前爪第2、3爪特别粗长，适于挖掘生活。全身和四肢基本毛色为栗灰色。头顶向后经背脊到后腰有一条断断续续的白色纵纹。前额、眼后、耳前、颊和颈侧均有不定形的白斑。喉、胸、腹部的毛污白色或浅黄色。

生态习性 喜栖居山区农田附近的丛林和草丛中。善打洞，洞穴简单，有獾的洞，臭味很浓，且在洞口侧有其粪便。夜行性，多单独活动。常在潮湿的作物区或水溪旁活动，用强爪和长吻扒挖食物，留下许多被翻扒过的痕迹。外出活动常循一定的路径。杂食性，食各种小动物，亦食植物的根茎和果实。每年繁殖1次，每胎产2～4仔。已人工驯养繁殖成功。

地理分布 广泛分布于长江以南广东、广西、海南、湖南、湖北、安徽、福建、台湾等。国外广泛分布于越南、缅甸、老挝、阿萨姆。

保护级别 国家保护的有益的或者有重要经济、科学研究价值的陆生野生动物。

72 狗獾 *Meles meles*

别　　名　土猪、地猪、天狗

英 文 名　Eurasian badger

形态特征　体长450～550mm，尾长110～130mm，体重10～12kg。前后足趾均具粗长的爪，呈棕黑色。尾短。肛门附近具腺囊，能分泌臭腺。体被粗硬的针毛，头顶有3条白色纵纹。体背毛褐色，有较稀疏的白色或乳黄色针毛，绒毛白色或灰白色。腹毛颜色较淡；尾背毛与体背毛颜色相同，但染白色较多。

狗獾皮（冬）

生态习性　栖息于森林、灌丛、草丛等处。洞栖。洞道长，冬洞的结构较复杂，有2～3个洞口，内有主道、侧道及盲端；主道光洁，无杂物及粪便，末端以干草、树枝、树叶筑窝。其他季节的洞穴简单，洞道短而直，窝小，垫物薄，仅一个出口。杂食性，捕食各种小动物，在有狼的地方，还喜食狼吃剩的食物，兼食植物的根、茎和玉米、花生、豆类和瓜类。长江以北地区的狗獾有冬眠习性。每年繁殖1次，每胎产2～5仔。已人工驯养繁殖成功。

地理分布　我国除台湾、海南外，各地均有分布。国外广泛见于欧洲、西伯利亚、日本、朝鲜、蒙古、伊朗、缅甸北部及巴勒斯坦等地。

保护级别　国家保护的有益的或者有重要经济、科学研究价值的陆生野生动物。

73 猪獾 *Arctonyx collaris*

别　名 沙獾、猪鼻獾（江苏）、獾猪、拱猪（四川）、川猪、串猪（甘肃）

英文名 Hog-badger

形态特征 体长 650～700mm，尾长 140～170mm。鼻垫与上唇间裸露，鼻吻部狭长而圆，像猪鼻。体毛黑褐色，间杂灰白色针毛。从前额到额顶中央，有一条短宽的白色条纹，向后延伸至颈背。两颊在眼下各具一条污白色条纹。下颌及喉部白色，向后延伸几达肩部。毛色随地区不同常有变化。

猪獾皮（冬）

生态习性 性情较狗獾更凶猛。爪强，视觉弱，嗅觉灵敏。杂食性，捕食各种小动物，在有狼的地方，还喜食狼吃剩的食物，兼食植物的根、茎和玉米、花生、豆类、瓜类。长江以北地区的狗獾有冬眠习性。每年繁殖1次，每胎产 2～5 仔。已人工驯养繁殖成功。

地理分布 除台湾、海南岛外，各地均有分布。国外分布于苏门答腊、锡金、中南半岛以及阿萨姆等地区。

保护级别 国家保护的有益的或者有重要经济、科学研究价值的陆生野生动物。

74 水獭 *Lutra lutra*

别　名 獭、獭猫

英文名 Common otter

水獭皮（冬）

形态特征 营半水栖生活的种群。体长620～800mm，尾长320～500mm。头部扁平宽阔，耳和鼻孔均生有小圆瓣，潜水时能关闭。四肢短，趾间有蹼。皮毛致密油亮可防水浸湿，通体毛呈咖啡色。腹毛较淡，除个别亚种外，其喉部均有白斑。尾长而扁阔，尾毛色与体色一致。

生态习性 生活在河流和湖泊两岸林木茂盛的地带，鱼塘较多的山区也常有水獭活动。穴居，但平时无固定洞穴，仅在育仔期定居。巢窝选在岩缝或树根下，一般有两个洞口，一个在水下，另一个洞口伸出地面（气洞）。日隐夜出。眼睛有适应水中视物的折射结构，有惊人的潜水技术，能飞快地追捕鱼类。成年水獭多单独行动，但在大海和河湖中生活的水獭常集群捕鱼。除食鱼外，还捕食蛙、蛇、水禽和其他小动物。每年可繁殖2胎，每胎产2仔。已人工驯养繁殖成功。

地理分布 全国各地均有分布。国外广泛分布于欧亚大陆。

保护级别 CITES 附录Ⅰ，国家Ⅱ级重点保护野生动物。

75 小爪水獭 *Aonyx cinerea*

别　名 油獭、山獭、亚洲小爪獭

英文名 Clawless otter，Oriental small-clawed otter

形态特征 体长420～600mm，尾长230～350mm。外型与水獭相似，区别在于：(1)体型较小，体重在3kg左右；(2)鼻垫裸露区与被毛交界处呈一直线横过；(3)趾爪甚小，趾垫甚发达。体毛咖啡色，从头至尾毛色几乎一致，腹部颜色稍浅淡。两颊、颏部和喉部针毛毛尖白色。体毛比水獭更显油亮，故又被称为油獭。

小爪水獭皮（冬）

生态习性 栖息环境、活动规律、食性和经济价值等基本与水獭相似。

地理分布 南方各地。国外分布于东南亚各国、印度东北部。

保护级别 国家Ⅱ级重点保护野生动物。

大灵猫 *Viverra zibetha*

别 名 九节狸、麝香猫、青鬃皮（商品名）

英文名 Large Indian civet

大灵猫皮（冬）

形态特征 体长670～830mm，尾长400～510mm，从头顶至尾基部有黑色的长脊毛，下颈肩部有白色枷状横纹。体有花斑，尾有4～6个黑白相间的色环。会阴部有发达的香囊（分泌“灵猫香”），状如梨，有一纵裂开口，两侧有3～4条皱褶。另一个种大斑灵猫 *Viverra megaspila*，外形与大灵猫类似，但体侧有许多大斑点。尾近基部段有3～4个黑白相间的色环，后半部全黑色。足趾无爪鞘，足垫间裸露。

生态习性 是热带、亚热带林缘种类，主要栖息在山区作物地边缘的丛林。捕食田间鼠、蛇和蛙等小动物。独栖于岩穴、树洞和草丛中。夜行性。食物常随季节变化，除食动物外，还食植物果、叶、种子及青草。2岁性成熟。孕期70天左右，每胎产2～4仔。已有人工驯养繁殖种。

地理分布 西藏、长江以南各地（台湾省除外）。国外分布于印度东北部、缅甸、尼泊尔、不丹、锡金、孟加拉国及中南半岛等。

保护级别 CITES附录Ⅲ，国家Ⅱ级重点保护野生动物。

小灵猫 *Viverricula indica*

别　名　笔猫、斑灵猫、七节狸、香狸、乌脚狸

英文名　Small Indian civet

形态特征　体长450～630mm，尾长300～430mm。颜面狭窄，吻部尖突。会阴部有香囊，闭合时像一对肾脏，开启时形如一个半切开的苹果。肛门两侧的臭腺比大灵猫发达。体色和斑纹可随季节而异，冬毛棕黄或乳黄褐色。从耳后至肩有2条黑褐色颈纹，其间夹杂另2条短纹；从肩至臀部有3～5条暗色背纹。中央3条清晰，外侧2条时断时续。足乌黑色，腹部灰黄或灰白色，尾部有7～9个暗褐色环。

小灵猫皮（冬）

生态习性　栖息环境比大灵猫更广。主要营地栖生活，喜欢在山地作物区附近的丛林中活动。杂食性，捕食老鼠和蜥蜴等动物，也能上树捕捉小鸟、松鼠和采食野果。小灵猫有“擦香”的习性，每当活动时，不论香囊中有无香膏，都会举尾在树枝上或石面上“擦香”。多在春季繁殖，妊娠期约3个月。每胎产4～5仔，2岁性成熟。已有人工驯养繁殖种。

地理分布　长江、珠江流域各地及台湾、海南、云南、四川、西藏。国外分布于印度半岛、马来半岛、中南半岛、斯里兰卡、不丹、苏门答腊、巴厘、爪哇等地。

保护级别　CITES附录Ⅲ，国家Ⅱ级重点保护野生动物。

斑林狸 *Prionodon pardicolor*

斑林狸皮

别　名　点斑灵狸、彪、刁猫(商品名)

英文名　Spotted linsang

形态特征　体长约400mm，尾长300～350mm。颜面部狭长，吻部突出。尾长，呈圆柱状。会阴短，无香腺。被毛致密而柔软，体毛基色为淡褐或黄褐色，背部较深，腹面变成乳黄或乳白色。从肩至尾基部有棕黑色圆形或卵圆形斑，多排成纵列，斑块向体侧逐渐变小且不规则。尾上有9～11个暗色环，尾尖多数淡白色。

生态习性　生活在海拔2700m以下的热带、亚热带阔叶林、稀疏灌丛或高草丛中。营地栖生活，亦会上树。夜行性。以鼠类、鸟类、蛙和昆虫等小动物为主食，有时还进入村庄屋内捕鼠。

地理分布　广东、广西、贵州、云南。国外分布于尼泊尔、老挝、锡金、不丹、缅甸、越南北部、印度东北部等地。

保护级别　CITES附录Ⅰ，国家Ⅱ级重点保护野生动物。

椰子猫 *Paradoxurus hermaphroditus*

别　　名　椰子狸、棕榈猫、香猫(商品名)

英 文 名　Common palm civet

椰子猫皮(冬)

形态特征　体长约500mm，尾长450~550mm。四肢掌垫与蹠垫相连。有肛门腺。背有纵纹却无尾环。头部主要为黑色，在眼周、耳基前和吻部周围均有白斑。体背为棕、黄、褐混杂色调。自颈背至尾基有5条暗黑色纵纹，中央3条较清晰，外侧两条时断时续，几成点斑。体侧有许多黑褐色点斑。腹毛灰黄色，散有黑斑，四肢及尾部棕黑色。

生态习性　多生活在热带雨林中，是典型的热带林栖动物。居于树洞或窃居于其他动物的窝中。营半树栖生活，常成对活动。极善攀爬，在树枝间跳跃自如，敏捷如飞。多住树洞，晚上活动。食各种野果，尤其喜欢食带甜酸味的浆果，也捕食各种鼠类、小鸟、蛇、蛙、蜥蜴和多种昆虫、蜈蚣、蚯蚓等。年产1胎，每胎产3~4仔。

地理分布　广东、广西、海南、云南和四川的部分地区。国外分布于南亚和东南亚。

保护级别　CITES 附录Ⅲ，国家保护的有益的或者有重要经济、科学研究价值的陆生野生动物。

果子狸 *Paguma larvata*

别　名　花面狸、玉面狸、牛尾狸

英文名　Masked palm civet

果子狸皮(冬)

形态特征　体长500～600mm，尾长440～540mm。足趾、足垫、香腺的结构似椰子猫。颜面部有明显的白斑，头额中央的一条白纹最显著而成“花面”，故有花面狸之称。身上无斑纹，体背和四肢多为灰棕色或棕黄色。腹部浅黄色。尾腹面与背面两色，尾端黑色。

生态习性　喜在石山丛林中生活，居岩洞、石隙、树洞或灌丛中，家族性聚集。夜行性。善攀爬上树，取食各种野果。遇大果树，往往反复前往采食，在树上和地面留下爪痕、果核和粪便。也捕食小动物。春季发情交配，夏季产仔，每胎2～4仔。

地理分布　西南、华南、华中及华东各地。国外分布于中南半岛、马来半岛、苏门答腊、加里曼丹、喜马拉雅南坡等地。

保护级别　CITES附录Ⅲ，国家保护的有益的或者有重要经济、科学研究价值的陆生野生动物。

熊　狸 *Arctictis binturong*

别　名　熊灵猫、貉獾（商品名）

英文名　Binturong

熊狸皮（冬）

形态特征　体长约520mm，尾长520mm。四肢粗壮，五趾各具强锐的钩爪。尾端具缠绕性，能缠住树枝协助身体活动。体毛长而稀疏，粗糙而蓬松；绒毛亦长，波浪形。香腺似果子狸，但较大而深。体毛综观为黑色，但每根毛次端都有棕褐或棕灰色环，故又显出芝麻斑驳。面部和足部的毛较短，灰白色。腹面毛色同背毛色；尾黑色，杂有淡黄棕色。

生态习性　栖居于浓密的热带雨林或季雨林中，是典型的热带、亚热带林栖食肉兽。多清晨和黄昏活动。除捕食各种小动物外，还常到大树上采食野果，尤其喜食多种榕树果实。每年2～3月交配，5月中产仔，每胎2～3仔。

地理分布　仅分布于云南、广西的部分地区。国外分布于尼泊尔、锡金、不丹、泰国、缅甸、柬埔寨、老挝、越南、印度、马来西亚、印度尼西亚和菲律宾等地。

保护级别　CITES附录Ⅲ，国家Ⅰ级重点保护野生动物。

红颊獴 *Herpestes javanicus*

别　名　树鼠（商品名）、日狸（海南岛）、竹狸

英文名　Small Indian mongoose

形态特征　体长250～320mm，体重1kg左右。耳小而圆，耳缘没有似灵猫类的耳囊，仅有2个耳瓣，关闭耳瓣能封闭耳腔。四肢小。两颊棕红色。体毛为浅棕与黑褐色相间，毛尖浅灰白色，故显麻褐色调。腹毛污棕色。尾基部粗大，向后逐渐尖细。没有芳香腺而有肛门腺，并能放出奇臭的气体。

红颊獴皮（冬）

生态习性　喜在热带丘陵山地森林或灌木丛中活动。自挖洞穴或占据洞巢而居。白天活动。性凶猛，敢于袭击体型比自身大的动物。主食小动物，尤善捉蛇捕鼠，是鼠类的天敌；与毒蛇斗极少中毒。每年发情2次，孕期42～43天，每胎多产2仔，偶有4仔。

地理分布　云南、广西、广东、海南。国外分布于阿富汗、伊朗、伊拉克、尼泊尔、泰国、缅甸、马来半岛、印度北部等地。

保护级别　CITES附录Ⅲ，国家保护的有益的或者有重要经济、科学研究价值的陆生野生动物。

食蟹獴 *Herpestes urva*

食蟹獴皮（冬）

别　名 山獾、棕蓑猫、石獾

英文名 Crab-eating mongoose

形态特征 体长400～840mm，尾长270～335mm。吻部细尖。颈短而粗，身躯粗壮，略似扁圆形。尾基部粗大。四肢短，各有5趾，第三、四趾爪长而锐利。1对肛门腺位于肛门两侧，可放臭气驱敌。体毛和尾毛甚长而蓬松，似身披棕蓑。整体毛呈灰棕褐色，从口角经颊部、颈侧向后直到肩部各有一条白色纵纹。体背针毛黑褐、红棕、灰白等色相间，腹毛较浅淡，尾端毛尖白色较多。

生态习性 喜栖居山林沟谷及溪流两旁的丛林中。日间活动，晨昏是觅食高潮。常雌雄相伴或带幼仔外出一起觅食，相互距离不远，发现有危险即尖声呼叫，若受伤不能行走，定会有同伴前往探视。母兽带幼仔外出，常边走边发出“gugu”声。嗅觉灵敏，能准确寻找到深藏地下的蚯蚓和昆虫幼虫，并用吻和爪迅速挖出食之。孕期50～60天，每胎产2～5仔。

地理分布 安徽、云南、福建、台湾、广西、浙江、广东、江西、浙江、四川、海南。国外分布于中南半岛、尼泊尔等地。

保护级别 CITES附录lll，国家保护的有益的或者有重要经济、科学研究价值的陆生野生动物。

荒漠猫 *Felis bieti*

别 名 漠猫

英文名 Chinese desert cat

荒漠猫皮（冬）

形态特征 体长600～800mm，尾长230～350mm。头圆形，吻部短，眼大而圆，颈粗而短。体背面有很特别的长毛。头部和四肢的局部颜色因地区亚种不同变化较大。指名亚种头部白色，耳基部淡红褐色。体背和四肢外侧浅黄灰色，背中央略具暗红棕色泽。腹面暗黄色，背腹间无明显分界。有时在臀部外侧有3～4条细而不明显的暗横纹。尾毛同背色，其后端有3～4条暗棕色纹，尾尖部黑色。

生态习性 栖于多灌木的稀树林或荒漠地带，亦见于海拔3000m的高山灌丛、山地阳坡、草原草甸及荒漠地带（植被类型为山地针叶林带），因为此类生境中的啮齿类种类和数量均较多。主要在夜晚活动。以鼠类为主要食物。交配期在1～2月，5月产仔，每胎2～4仔。

地理分布 新疆、青海、内蒙古、甘肃、四川、宁夏、陕西。国外仅分布于蒙古。

保护级别 CITES附录Ⅱ，国家Ⅱ级重点保护野生动物。

丛林猫 *Felis chaus*

别　　名　麻狸

英 文 名　Jungle cat

丛林猫皮（冬）

形态特征　体长600～750mm，尾长250～350mm。四肢较长。体毛无明显的斑纹，仅在尾末端有3～4条不显著的黑色半环。头部眼周有黄白色纹。耳背面粉红棕色，耳尖褐色，并有稀少的短簇毛。体背毛棕灰或沙黄色，背脊深棕色。腹毛淡沙黄色。后肢和臀部有2～4条模糊横纹。

生态习性　喜欢栖息于近水边的灌木林和草丛中，长有高草的树林也是它们喜好的栖息地。在海拔2410m的喜马拉雅山高山密林亦可发现它们的踪迹。白天活动，用撒尿标记自己的领域。主食动物如鼠类、鸟类和蛙类，也食腐肉和植物的果实。一般在春天发情交配，孕期约66天。每胎产2仔，多可达5仔。

地理分布　仅在云南、西藏有分布。国外分布于亚洲中西部与南部的伊朗、黑海至高加索、印度半岛和中南半岛等地。

保护级别　CITES 附录Ⅱ，国家Ⅱ级重点保护野生动物。

兔狲 *Felis manul*

别　名　玛瑙、乌伦

英文名　Pallas' s cat

兔狲皮（冬）

形态特征　体长500～650mm，尾长200～250mm。额部宽。耳短宽，耳尖圆钝，两耳相距较远。吻短，略似猿猴脸形。尾粗圆，末端粗钝。腹毛比背毛长近1倍。颊部具2条细黑纹。体背毛棕黄或浅红棕色，少数银灰色，背脊暗黑色。腹部长毛白色，绒毛灰色或淡黄色。四肢有2～3条模糊的黑横纹，尾亦有6～8条黑细纹。

生态习性　栖息于海拔4500m左右的山地、荒漠或戈壁地区。适宜在寒冷、贫瘠地区生活。腹毛长，绒毛厚，有利于长时间卧伏雪地狩猎。食物包括沙鼠、跳鼠、沙鸡等各种小动物。交配期在4～5月，孕期66～67天，每胎产2～4仔，有时可达6仔，幼仔1年后性成熟。

地理分布　西藏、四川、青海、甘肃、新疆、河北、内蒙古、黑龙江。国外分布于中亚各国及蒙古。

保护级别　CITES附录Ⅱ，国家Ⅱ级重点保护野生动物。

猞猁 *Lynx lynx*

别　　名　猞猁狲、羊猞猁、马猞猁

英 文 名　Lynx

猞猁皮（冬）

形态特征　体长900～1300mm，尾长100～240mm。四肢长，尾甚短。耳端有耸立的长笔毛。颌下、颈和腹部的毛均显著长于背毛。背毛粉红棕色，毛尖黄白或灰白色，有褐色或棕色斑点。腹面和四肢内侧白色，有少量灰棕色斑。尾末端1/3段为黑色。毛色随季节差异变化较大。

生态习性　典型的寒冷地区动物。单独活动。活动范围视食物丰缺而定，一般有1000～1500hm^2，食物缺乏时，领域范围达3000hm^2。住岩穴或树洞内，夜间活动。捕食领域内数量较多的动物种，通常以各种食草类动物为主要对象。在发情季节离开领地寻找配偶，怀孕后返回。孕期67～74天，每胎产1～4仔。哺乳5个月。雌兽21个月，雄兽33个月后性成熟。

地理分布　新疆、青藏高原、云贵、河北、甘肃及北方各地。国外广泛分布于欧洲和亚洲北部。

保护级别　CITES附录Ⅱ，国家Ⅱ级重点保护野生动物。

金猫 *Catopuma temmincki*

别　名 原猫、黄虎、红春豹、芝麻豹、狸豹

英文名 Golden cat

形态特征 体长730～1050mm，尾长430～560mm。耳朵能转动。毛色变异较大，通常有3个色型：亮红色、灰棕色和灰褐色。但也有不变的共同特点：面部斑纹一致，颈背红棕色，背中线毛色深或有纵纹，耳背面皆黑色；尾都是2色，末端白色。两眼内角各有一条宽白纹，长约20mm。颊侧各有一条边镶棕黑色的白纹，自眼下方斜伸至耳下部。

生态习性 金猫是热带、亚热带的林栖动物。夜行性。主要在地面活动，极少上树。食物包括啮齿类、鸟类、野兔和中、小型偶蹄动物。每胎产2仔。

地理分布 陕西、甘肃、四川、湖北、湖南、安徽、江西、浙江、广东、广西、福建、西藏。国外见于尼泊尔、泰国、缅甸、柬埔寨、老挝、越南、孟加拉国、印度、马来西亚、印度尼西亚等地。

保护级别 CITES附录Ⅰ，国家Ⅱ级重点保护野生动物。

不同色型的金猫皮

食肉目 CARNIVORA　猫科 Felidae

豹猫 *Prionailurus bengalensis*

别　　名　野猫、狸猫、抓鸡虎、麻狸、钱猫

英文名　Leopard cat

形态特征　体长360～900mm，尾长150～370mm。全身花纹斑驳。体毛浅棕或淡黄色，颊部有两条白色细纹，耳背有浅黄色斑。体背有4条棕黑色环，腹部白色。体侧有数行斑点，臀部斑点较大，四肢斑点较小。尾与背同色，具棕黑斑和半环，尾尖端棕或黑色。

生态习性　栖息环境广泛。生活在山地林区，在接近村庄和山地作物地的密林和草丛中分布密度较大。因此，在捕食野生动物之余，也会进村入屋捕食家鸡，故人称“抓鸡虎”。繁殖力强，南方豹猫的繁殖不受季节限制，每胎产2～3仔。孕期约2个月，初生仔猫重75～95g。人工饲养寿命可达13年。

地理分布　广泛分布于我国南北大部分地区。国外分布于俄罗斯（西伯利亚和远东地区）、朝鲜北部、新加坡、巴基斯坦、尼泊尔、锡金、不丹、泰国、缅甸、柬埔寨、老挝、越南、印度、马来西亚、印度尼西亚、菲律宾。

保护级别　CITES附录Ⅱ。

豹猫皮

豹猫皮

食肉目 CARNIVORA　猫科 Felidae

云豹 *Neofelis nebulosa*

别　　名　乌云豹、荷叶豹、龟纹豹、樟豹

英 文 名　Clouded leopard

形态特征　体长约1m，尾长730～920mm，体重15～20kg。全身布有大块云状斑纹，且花纹斑驳。额部密布黑斑，眼周有不完整的黑环，眼后有黑纹。颈背有4条黑纹，中间2条止于肩部，外侧2条较粗，延续到尾基部。体背不规则的云状块斑边缘黑色。腹面及四肢内侧黄白色，略具黑斑。

生态习性　栖息于热带、亚热带的常绿阔叶林中，是树栖性较强的食肉动物。单独活动，常在树上埋伏守候猎物，当猎物行近其捕杀范围时，云豹即从树上跃下，直扑猎物头颈部。此法多用于对付地面行走的有蹄类动物，如鹿类和野猪。云豹善用树枝在树顶建巢，供日常休息和睡眠。粗长的尾有利其在树上

跳跃捕杀猎物，因此，鹿类、野猪及树栖的猴类、松鼠和鸟类都是其捕食对象。每胎产2～4仔，孕期90天左右。初生幼兽10～12天开眼，20天后开始步行，45天后可奔跑和食肉。

地理分布 我国亚热带、热带林区，陕西、河南、甘肃、西藏，海南，浙江、台湾、江西、湖南、湖北、福建、贵州、四川、广东、云南等都有分布，数量已很稀少，非常珍贵。国外分布于尼泊尔、不丹、印度、马来半岛、加里曼丹、印度尼西亚等地。

保护级别 CITES 附录Ⅰ，国家Ⅰ级重点保护野生动物。

云豹皮（冬）

91

食肉目 CARNIVORA　猫科 Felidae

豹　*Panthera pardus*

豹皮

别　名　金钱豹、纹豹

英文名　Leopard

形态特征　体长1～1.5m，尾长750～850mm。头圆，耳短。四肢粗壮。体毛灰黄色，全身布满大大小小的黑斑和古钱状黑环。

生态习性　可以生活在各种各样的环境中，包括高山、丘陵、平原、湿地、旱地，甚至荒漠。目前主要生活在人迹罕至的深山密林中，以躲避人类的捕杀，并捕获足够的食物。性情孤僻，多单独行动。有一定的活动领域，领域大小随季节和食物丰歉等因素变化。平时没有固定的巢穴，树上、草丛、岩穴均可栖息。性凶残，常用伏击和追猎的方式捕杀各种动物，甚至攻击体型大而凶猛的野猪和鹿。食物缺乏时也进村盗食牛、羊和猪等家畜。每胎产2仔。

地理分布　除台湾、海南、辽宁、山东、宁夏和新疆外，其他地区均有分布记录，数量已非常稀少。国外主要分布于亚洲、非洲等地。

保护级别　CITES附录Ⅰ，国家Ⅰ级重点保护野生动物。

雪豹 *Uncia uncia*

别　名　艾叶豹、打马热（藏族）

英文名　Snow leopard

雪豹皮

形态特征　体长约1.3m。尾粗圆，尾长为体长的3/4。外型似豹，身上也布满黑斑和黑环，但全身基色较淡，为灰白色。体毛更密且柔软，底绒丰厚。尾毛蓬松，尾背面有10多个黑环，末端黑色。

生态习性　高寒地区的岩栖动物，冬季常在海拔2000～3500m的高山地区活动，夏季在海拔5000m以上高山可见其踪迹。食物以高原动物如北山羊、岩羊、盘羊等为主。常以伏击方式猎食，其体色和花纹有利于雪地埋伏。平时单独行动，有固定巢穴。孕期98～103天，每胎产3～5仔。

地理分布　西藏、新疆、青海、甘肃、四川、内蒙古等地，分布区域狭窄，数量非常稀少。国外分布于尼泊尔、不丹、印度、阿富汗、巴基斯坦、蒙古和俄罗斯等地。

保护级别　CITES附录Ⅰ，国家Ⅰ级重点保护野生动物。

虎 *Panthera tigris*

别　名　老虎、大虫、山神爷（东北）

英文名　Tiger

形态特征　以东北亚种为例：体长1.6~2.9m，尾长约1m。全身毛色浅黄或棕黄色，并有黑色横条纹。头圆、耳短、耳背面呈黑色，中央有一显著白斑。四肢强壮有力，尾粗而长，有黑色环纹，尾端黑色。虎身体的特殊结构是：其舌的表面长有许多角质倒刺，以便在啃食大动物骨时像一把钢刷，把骨上的肉刷出来。眼虹膜呈绿褐色，光强时其瞳孔缩成小圆状，夜晚在光照射下有绿色磷光闪射。趾爪基部具爪鞘，行走时将爪提起缩入鞘内，仅趾垫和掌垫着地，浑然无声，捕捉猎物时强爪即刻伸出，锐利无比。

东北虎皮

东北虎

生态习性 能适应各种不同的环境，只要有食物，就可生存。现今野生虎已极稀少，仅残存于人迹罕至的边远山区。平时单独行动，在方圆几十到上百平方千米的范围内巡回猎食各种动物。有虎活动的地方，常可在树干上和路边留下“挂爪”的痕迹和粪便。主要捕食大、中型偶蹄类如野猪和各种鹿、麂子等。有时进入山村盗食家畜。孕期93～114天，每胎1～4仔。初生幼仔重约1kg，半年后可达35kg。幼虎随母虎生活约2年，3～4岁后性成熟。

地理分布 国内除海南和台湾省外，各地均有分布记录。国外分布于印度次大陆、东南亚、朝鲜半岛以及俄罗斯远东地区。我国虎分为4个亚种：孟加拉虎 *P.t.tigris*、华南虎 *P.t.amoyensis*、西伯利亚虎（东北虎）*P.t.altaica* 和印支虎 *P.t.corbetti*。

华南虎皮

保护级别 CITES 附录Ⅰ，国家Ⅰ级重点保护野生动物。

华南虎

鳍 足 目

PINNIPEDIA

本目兽类全为海生。鳍足目水生食肉类包括：海豹科（Phocidae）、海狗科（Otariidae）和海象科（Ododenidae）。我国常见种类为斑海豹*Phoca largha*。体为长纺锤形，体表被短毛。皮下脂肪厚。颈不明显。四肢具5趾，因有蹼膜而成鳍足。前肢第一趾最长，后肢第一、五趾最长，趾具或不具爪，后肢远生于体后。尾短小，夹于后肢之间，极适宜水中运动和生活。在陆地靠振动身体前进。鼻和耳孔有活动瓣膜，潜水时，可关闭鼻孔和外耳道。外耳壳退化，听觉敏锐，嗅觉发达，但视觉较弱。一生的大部分时间在水中度过，但必须在陆地上进行交配、育儿、换毛和休息。

94 斑海豹 *Phoca largha*

别　　名　海豹、海狗、西太平洋斑海豹、腽肭兽

英 文 名　Larga seal，Hair seal

形态特征　体长1.5～2m，雄性略大于雌性。雄性体重150kg左右，雌性约120kg。头圆，眼大，颈短，无外耳壳，鼻和耳孔有活动的瓣膜，可关闭鼻孔和外耳道。四肢为鳍足，各具5趾，趾间有蹼，趾端有爪。尾短小，夹于后肢之间，后肢与尾相连不能向前转动。背部灰黄色或苍灰色，带有许多不规则的棕黑色或黑色斑点。体腹面为乳黄色。下颏白色、无斑。

生态习性　生活在寒温带的海洋中。在陆地上进行交配、产仔、育儿、换毛和休息。食物以鱼类为主。春季交配，妊娠期约8～9个月，每年冬季在浮冰上产仔。每胎产1仔，幼仔全身被白色绒毛。约3～5岁性成熟。

地理分布　渤海、黄海。国外主要分布于北冰洋的楚科奇海，北太平洋的白令海、日本海及鄂霍次克海。

保护级别　国家Ⅱ级重点保护野生动物。

海 牛 目

SIRENIA

海牛目是适应于水栖生活的兽类。体呈纺锤形。前肢变为鳍足（有时还可以看到扁平的指甲），后肢缺如（仅保留痕迹）。无脊鳍，有宽大而扁平（水平）的尾鳍。体有稀疏的刚毛，颈部有缢纹等。眼小，耳无外壳。犬齿和臼齿之间有相当长的齿间隙，臼齿有平坦的咀嚼面。胃由若干部分构成。营养依靠植物性食物（藻类）。

喜群居。在水底牧场食草。骨骼粗大，行动缓慢，在浅水的底层生活。有时会进入河口。它们不到大洋或深海中去，只栖息于离岸不远的浅海中。

全世界共有2科，只有儒艮科分布在我国南海。儒艮科只有1属1种。

儒艮 *Dugong dugon*

别名 人鱼、南海牛

英文名 Dugong，Sea cow，Indian dugong

形态特征 体长约3m，体重500～600kg。雄性略大于雌性。体表有稀疏的短毛。头小，与躯干部无明显界限。吻端扁平，略像马蹄状。唇上有短而粗的刚毛。鼻孔位于头的背面。眼小，位于鼻孔后方，瞬膜发达。耳位于眼的后方，无耳壳。前肢特化为鳍肢，后肢退化。尾为新月状的扁平鳍。乳房1对，位于左右前肢鳍基的隐蔽处。背面呈深灰色，腹部灰色。

生态习性 生活于沿海的浅水中，有时进入河口，但不能在浅水中栖息。白天在深度约30～40m的浅海内活动，傍晚或黎明到河口觅食，以植物性食物为食。年产1仔。母兽常以鳍肢夹抱幼仔哺育，到幼仔能觅食时才离开母兽，独立生活。

地理分布 广东、广西、台湾南部沿岸海域，数量已非常稀少。国外分布于印度洋、西太平洋热带的大陆沿岸水域和岛屿间。

保护级别 CITES 附录I，国家I级重点保护野生动物。

鲸 目

CETACEA

鲸类体型差异非常大，小型种类体长不足1m，大型种类体长超过30m。全部生活于水中，以海洋为主，仅少数种类栖息在淡水中。由于适应水生，颈部退化，颈椎骨愈合，头与躯干直接连接，体型酷似鱼，故又被称为“鲸鱼”。

鲸目动物最大的特点是前肢和尾呈鳍状，趾不分开，没有爪或甲，整个前肢似桨，适于水中游泳，后肢退化。由于适应于光线微弱的水下生活，鲸类的眼睛都较小，没有泪腺和瞬膜，视力较差。没有外耳壳，外耳道也很细，但听觉却十分灵敏，能感受超声波，靠回声定位来寻找食物、联系同伴或逃避敌害。外鼻孔1～2个，位于头顶，俗称“喷气孔”，鼻孔位置越靠后者进化程度越高。鲸用肺呼吸，左右各有一叶肺。在水面上进行气体交换，因此，每隔一段时间需要浮出水面来进行换气，也能潜水较长时间。

现生的鲸目动物一般分为2个类群，即须鲸类和齿鲸类。二者最大的区别是须鲸类的口中有须，没有牙齿，2个外鼻孔，而齿鲸类的口中没有须，有牙齿，1个外鼻孔。

以水生动物为食。分布于世界各海洋以及亚洲、北美洲和南美洲的少数淡水水域。共11科80余种。

黑露脊鲸 *Eubalaena glacialis*

别　名　脊美鲸、北露脊鲸、直背鲸

英文名　Black right whale

形态特征　体长17～18m，体重40t左右，头长占体长的1/3，口长约6m。须长3～4m，每侧有250枚左右，须毛粗糙。无背鳍，鳍肢宽大，具5指。尾鳍较宽，宽度约为体长的1/3，鳍肢柔软。肋骨14～15对。背部黑色，腹部色淡。在脐前后有不规则白斑。鳍肢和尾鳍上下方黑色。头骨的上颌骨、间颌骨前伸呈拱形。

生态习性　露脊鲸主要滤食各种甲壳类动物。5～10岁性成熟，每3～4年生育1次，发情期为半年左右。通常在春季交配。雌兽的怀孕期约12个月，每胎仅产1仔。属珍贵海兽。

地理分布　我国见于南海、东海、黄海。在世界广泛分布于北太平洋西部和北大西洋间的海域，鄂霍次克海。

保护级别　CITES附录I，国家II级重点保护野生动物。

97

灰鲸 *Eschrichtius robustus*

别　名　腹沟鲸

英文名　Gray whale

形态特征　体长10～15m，体重可达20t左右。全身灰色、暗灰色或蓝灰色，有白色斑点。鲸须为淡黄色，上下颌每侧有140～180枚，须毛粗糙，须长4～5m。腹部有2～4条纵沟，沟长约1.5m，但无褶沟。鳍肢上只有4指，缺少第一指。无背鳍，尾部、背面有7～15个驼峰状隆起。

生态习性　游速每小时4～9km。喜在浅水海域冲浪而行，尾部击浪，也会侧卧海面，用胸鳍划行。在海底捕食时能停留达20分钟，潜水深度可达100m。属珍贵海兽。

地理分布　我国见于黄海、东海、南海等温带海域附近。在世界上主要分布于北太平洋东部和西部。

保护级别　CITES附录Ⅰ，国家Ⅱ级重点保护野生动物。

座头鲸 *Megaptera novaeangliae*

别　　名　大翅鲸、驼背鲸、巨臂鲸

英 文 名　Humpback whale

形态特征　体长12～15m，雌性较雄性略大，雌性最大记录18m，体重20t左右。背鳍较小。鳍肢长约为体长的1/3，为鲸类中长“脚”者。鳍肢前缘具不规则的瘤状突起。尾鳍宽大，外缘呈不规则钳齿状。脸面褶沟较少，约14～35条。背部黑色，有斑纹。鳍肢上方白色，尾鳍腹面白色，边缘黑色。口大，进食时上下颌间的特殊韧带可使口张开至90°。鲸须每侧270～400片，须板和须毛皆黑灰色。

生态习性　多成对活动，性情温顺。每年进行有规律的南北洄游。主食小甲壳类和小型鱼类。冬季繁殖，雌兽每2年生育1次，孕期约10个月，每胎产1仔。寿命为60～70年。为珍贵海兽。

地理分布　我国黄海、东海、南海均有分布。广布于全世界海域。

保护级别　CITES附录Ⅰ，国家Ⅱ级重点保护野生动物。

白鳍豚 *Lipotes vexillifer*

别　　名　白鱀豚、中国江豚

英 文 名　Yangtze River dolphin

形态特征　体长1.5～2m，体重100～200kg。头圆，颈短，有背鳍。背面浅灰色，腹面洁白，鳍白色。吻长30cm，上下颌密生130余枚齿。前额呈圆形隆起，为发生超声波的器官。眼小，极退化；外耳退化，耳孔很小，位于眼后下方。鼻孔长圆形，开口于头顶偏左处。

生态习性　白鱀豚以淡水鱼为食，兼食水草及水生昆虫。冬末春初发情交配，孕期约11个月，每胎产1仔。5～6岁发育成熟。寿命可达30年。

地理分布　长江自三峡黄陵庙以下，一直到长江口，是我国特有的小型鲸类。

保护级别　CITES附录I，国家1级重点保护野生动物。

抹香鲸 *Physeter catodon*

别　　名 巨头鲸

英 文 名 Sperm whale

形态特征 雄兽体长15～20m，体重20t左右。头骨左右不对称。耳孔极小。上颌无齿或仅有10～16枚退化的痕迹。下颌窄而长，有20～28对圆锥形的牙齿，每枚齿的直径约100mm，长约200mm。鼻孔在头的两侧分开。喷水孔开在头的前端左侧，眼角的后方，只与左前上方的左鼻孔相通；右鼻孔阻塞，但与肺相通。无背鳍，后背上有一系列像驼峰一样的脊状隆起。鳍肢长约1m。尾鳍宽大，宽约3.6～4.5m。身体的背面暗黑色，腹面为银灰或白色。体色随年龄而异，一般幼仔色淡，以后逐渐加深，老年又变为浅灰色。

生态习性 抹香鲸性情十分凶猛，食量极大，一天能吃掉1t重的食物。主要食物为乌贼和章鱼，也吃鳕鱼、鲈鱼、梭鱼、沙鱼等。珍贵海兽。可提供最好的鲸脑油，其分泌物“龙涎香”具异香，可制香料。

地理分布 见于黄海、东海、南海、台湾海域。广布于全球各大洋的热带、温带海域。

保护级别 CITES 附录 I，国家 II 级重点保护野生动物。

101 鹅喙鲸 *Ziphius cavirostris*

别　名　柯维氏喙鲸、剑吻鲸、贫齿鲸

英文名　Cuvier’s beaked whale, Goosebeaked whale

形态特征　体长6～7.5m，体重1500kg，体高略大于体宽。喙短而粗，额头是同类中最小的。上颌无齿，雄兽下颌的牙齿长约70mm，呈圆锥形，位于前端；雌兽牙齿一般埋藏于齿龈之中。背鳍为三角形，后缘略微凹入；鳍肢较小，上有5指；尾鳍后缘的中央分叉，但缺刻较小。咽喉部具有“V”形的沟，长约600～700mm。身体背部为棕灰色，腹面的颜色略浅，但变化较多，从近似棕色或灰色到近似黑色的都有，颜面部的颜色更淡，有的个体喙的周围以及腹部带有淡红色。

生态习性　潜水可持续20～40分钟，快速游泳时常会东摇西摆，头部及背鳍外露，背部拱起，尾鳍高扬出海面。属珍贵海兽。

地理分布　我国见于东海及南海海域。世界上广泛分布于极地以外的所有海域。

保护级别　CITES附录Ⅱ，国家Ⅱ级重点保护野生动物。

虎鲸 *Orcinus orca*

别　名　逆戟鲸、杀人鲸（香港）、恶鲸

英文名　Killer whale

形态特征　雄虎鲸体长 8～10m，体重 5～8t，雌性比雄性略小。头圆大，吻钝而短。牙齿 40～50 枚，呈钉状。背鳍高大，特别是雄性，鳍高可达1.8m，状如倒置的“戟”，因而得名“逆戟鲸”。胸鳍大，呈卵圆形。背部黑色，头侧面、生殖器两侧及整个腹部均为白色，眼后方有菱形白斑。

生态习性　性凶猛，捕食鱼类和海狮、海象、海豚、海豹等海兽，也食企鹅等海鸟。全年均可繁殖，妊娠期可达 13～16 个月，每胎产 1 仔。雌鲸 4 岁性成熟。珍贵海兽。

地理分布　冷水海域和近海区较常见，中国沿海，特别是黄海、渤海较常见。世界上广布于所有海洋，在距大陆 800km 以内海域最为丰富。

保护级别　CITES 附录Ⅱ，国家Ⅱ级重点保护野生动物。

海 豚 *Delphinus delphis*

别　名　真海豚、普通海豚

英文名　Common dolphin，Saddleback dolphin

形态特征　体长约2m。喙细长，长为宽的2倍以上。上、下颌的左右两侧各有40～65枚小而尖的牙齿。额与喙的交界处有明显的沟状缢缩。背鳍为三角形，上端尖，略呈镰状向后屈；鳍肢也呈三角形，末端较尖，具5指。背部为蓝黑灰色，腹面为白色，背腹间为土黄色或灰色过渡区。从鳍肢的基部到下颌有一条黑色的“V”形带。在喷气孔至额前有一淡色线条。眼睛周围有一个黑色环。背鳍的中央通常有一个三角形的灰色、象牙色或白色区域。

生态习性　常数十只或数百只结群活动，行动敏捷，游泳速度极快，瞬时时速可达30海里。有时尾随在船只后面，或在船头的波浪中跳跃。以鱼类和乌贼为食。春秋两季繁殖，雌性每隔2～3年生育1次，妊娠期10～11个月，哺乳期1年以上。寿命25～30年。珍贵海兽。

地理分布　渤海、黄海、东海、南海海域以及台湾海域等。在世界所有热带、亚热带和暖温海域，包括黑海和地中海都有分布。

保护级别　CITES附录Ⅱ，国家Ⅱ级重点保护野生动物。

104 蓝白原海豚 *Stenella coeruleoalba*

别　　名 条纹海豚、青背海豚

英 文 名 Striped dolphin

形态特征 体长2.4～2.7m。上颌牙齿45～50枚，下颌43～49枚，牙齿小而尖，高度约15mm，直径约3mm。背鳍三角形，位于身体中部，后缘凹入；鳍肢也为三角形，后缘微凹，具有5指；尾鳍后缘中央分叉点凹陷明显。鳍肢、背鳍和尾鳍等均为黑色。身体的背面深蓝色，腹面白色，喙部深蓝色。尤其是端部颜色更深，眼周围黑色。

生态习性 食物主要为乌贼，尤其是枪乌贼，也吃青鱼、鲱鱼、沙丁鱼、烛光鱼等。春季和秋季发情交配，怀孕期11～12个月。幼仔出生时体长约1m。9岁性成熟。寿命25～30年。珍贵海兽。

地理分布 我国仅见于台湾苏澳附近沿海。在世界广泛分布于包括地中海在内的热带、亚热带和暖温带海域。

保护级别 CITES附录Ⅱ，国家Ⅱ级重点保护野生动物。

鲸目 CETACEA　海豚科 Delphinidae

长吻原海豚 *Stenella longirostris*

别　　名　长嘴海豚、长吻飞旋海豚

英 文 名　Long-beaked dolphin, Spinner dolphin

形态特征　体长2.0～2.4m。喙特长，是所有原海豚中最长的。喙上部、下唇及前端均为黑色。上下颌左右各有46～65枚齿。背鳍较小，呈三角形，位于身体的中部；尾鳍缺刻较深。背部为炭灰色，腹部白色或灰色。全身有很多非常细小的斑点。身体前半部的颜色比后半部深，背鳍、鳍肢以及尾鳍的颜色都略深。

生态习性　主要以中、上层群栖性鱼类和乌贼等为食。春季和秋季繁殖，雌兽3～4年生育1次。孕期10～11个月，每胎产1仔。珍贵海兽。

地理分布　我国见于台湾苏澳附近海域、南海北部湾海域。在世界热带海域均有分布。

保护级别　CITES 附录Ⅱ，国家Ⅱ级重点保护野生动物。

江 豚 *Neophocaena phocaenoides*

别　名　江猪、海猪

英文名　Finless porpoise

形态特征　形似海豚但比海豚小，体长1.2～1.9m，体重100～200kg。全身铅灰色或灰白色。头部钝圆，额部隆起稍向前凸起。吻较短阔。没有背鳍，背部自体前2/5至尾鳍之间有不明显的隆起，隆起上有鳞状皮肤，高约30～40mm。鳍肢宽大，末端尖，长约为体长的1/6。尾鳍亦较大，上下尾叶水平宽约为体长的1/4。

生态习性　生活在咸淡水交汇的水域内，可回溯至长江中游。单独活动，有时也结成2～3只的小群。食性较广，以鱼类为主，包括青鳞鱼、玉筋鱼、鳗鱼、鲈鱼、鲚鱼、大银鱼等鱼类等，随所处环境的不同也取食虾和头足类动物如乌贼等。一般在春季繁殖，每年10月生产，每胎产1仔。珍贵海兽。

地理分布　广泛分布于洞庭湖、鄱阳湖，长江中下游及渤海、黄海、东海和南海的入海口。在世界广泛分布于从热带到暖温带印度洋和太平洋的近海、内海及江河。

保护级别　CITES附录Ⅰ，国家Ⅱ级重点保护野生动物。

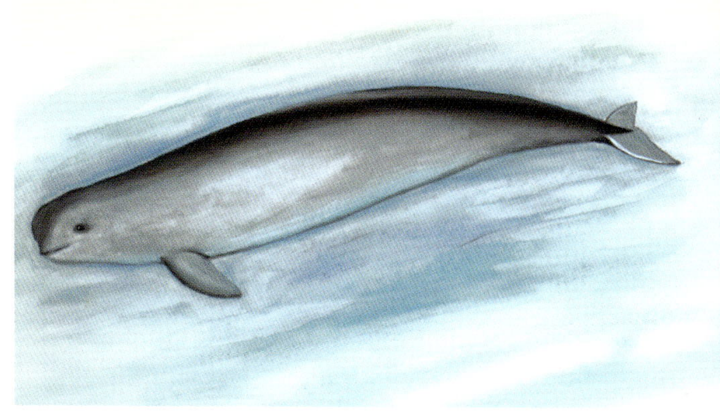

长　鼻　目

PROBOSCIDEA

本目动物身躯庞大，体重居陆栖动物的首位。鼻吻甚长，圆筒形，伸卷自如，不论大小食物均以长鼻捡拾送入口中，鼻子成为该动物的持握器官。皮甚厚，体毛稀少。四肢粗大如柱，系半蹠行性动物。齿属异型齿，上门齿——象牙特别发达，长出唇外甚长。臼齿轮替生出，呈脊齿型。胃简单，盲肠大。睾丸留在腹腔内；雌性有1对乳头，位于胸部。

现在世界上仅存1科2属2种。非洲象分布于非洲各国，我国所产为亚洲象。亚洲象体高可达2.5m，体重3.5～6t。经驯化的象可作交通工具。我国已在云南西双版纳地区建立野象自然保护区。

亚洲象 *Elephas maximus*

别　　名　野象、大象、印度象、老象

英 文 名　Asian elephant

形态特征　亚洲象的形态与目的形态相同。眼很小。耳较大，向后可遮盖颈部两侧。皮厚，体色为苍灰或暗灰色，全身生有与体色相近而稀疏的短毛。前足5趾，后足4趾。雄性上颌门齿（象牙）特别发达，长出唇外，长可达1.5m以上，1支象牙重可达20kg以上。

生态习性　生活在海拔1000m以下的山坡、沟谷和河边的稀树草原、竹林、阔叶混交林中。没有固定的栖息地，群栖，从几头至几十头不等，也有被逐出群的孤象。多晨昏活动，取食植物嫩枝叶，尤其喜食野芭蕉、槿棕和簕竹，有时到作物地盗食玉米、稻谷和各种瓜类。长寿动物，雌象9～12岁、雄象10～17岁性成熟。怀孕期长达18～22个月，每胎产1仔。

地理分布　国内仅见于云南的西双版纳、思茅、江城、西盟、沧源和盈江。国外分布于印度、斯里兰卡、孟加拉国、泰国、缅甸、越南、老挝、柬埔寨和马来西亚。

保护级别　CITES 附录Ⅰ，国家Ⅰ级重点保护野生动物。

奇 蹄 目

PERISSODACTYLA

本目动物四肢足趾均为奇数。现存种类大多是大、中型哺乳动物，头上长角者其角是表皮的衍生物（如犀牛角），与鹿类和洞角类的角完全不同。本类群全部为陆栖动物，以植物为食。现存奇蹄目分3科，分布于我国境内的仅有马科。

野马 *Equus przewalskii*

别　　名　普氏野马、蒙古野马、塔希、奇各台、太尔潘

英 文 名　Przewalski’s horse，Wild horse

形态特征　外形与家马无异，比野驴稍大。体长2m以上，肩高1.3~1.5m。尾毛粗长，几乎垂于地面。额毛很短。体毛浅棕色，腹毛颜色较淡，但背、腹间无明显分界。自腰部中间到尾上部有一条狭窄的黑褐色线。夏季四肢有2~5条不明显的横纹，冬毛颜色较浅，横纹很难看出。

生态习性　栖于沙漠、草原、丘陵及戈壁的多水地带。常集群行动，由一匹强壮的牡马率领，营游移生活。早晨或傍晚沿固定的道路饮水，然后就近吃草和休息。其食物有芨芨草、艾草、野葱、芦苇等。孕期11个月，每胎产1仔，幼仔出生后数小时即能奔跑。

地理分布　新疆、西藏、青海、甘肃和内蒙古部分地区，是当今最稀有的动物之一。国外分布于蒙古的科布多盆地。

保护级别　CITES附录Ⅰ，国家Ⅰ级重点保护野生动物。

野驴 *Equus hemionus*

别　　名　亚洲野驴、蒙古野驴、赛驴、什麻特（维吾尔语）

英 文 名　Asiatic wild ass，Gobi kulan，Dziggetais

形态特征　体长约2m，体重120kg左右，头较短而宽，吻部稍钝圆，颈脊毛短而直立，尾毛粗长，四肢粗短。吻端毛乳白色。眼睛黑褐色。耳内侧毛密，乳白色。背毛淡棕色。从肩部至尾基部有一条明显的褐色背线。肩胛两侧有一条明显的褐色横纹，亦称肩带。腹毛黄白色。夏毛颜色较深。

生态习性　属于高山戈壁，不怕寒冷、日晒和风雪。是典型的荒漠动物，营群栖生活。由一匹牡驴率领，到有水草的地方觅食。每天可行走20～30km，为寻找丰富的水草，经常迁移。其食物以沙漠中的芨芨草、野葱、芦苇等为主。发情期雄性间会发生激烈争斗。听觉和视觉发达。数量极为稀少

地理分布　新疆、青海、甘肃、西藏、内蒙古。国外见于蒙古、俄罗斯，阿富汗、伊朗、叙利亚也有分布。

保护级别　CITES附录Ⅰ，国家Ⅰ级重点保护野生动物。

偶　蹄　目

ARTIODACTYLA

本目动物足趾均为双数，且对称排列。趾端有蹄，支撑身体的一对大蹄为第三、四趾膨大而成，第二、五趾退化为1对小的悬蹄，缺第一趾。除猪、骆驼、獐和麝类外，头上均长有1对实角，且多有分枝，会定期脱落。该目共有7科，我国有4科：猪科、驼科、鹿科、牛科。

偶蹄类是典型的陆栖动物，喜群居。善奔跑。除少数种类杂食性外，大部分是以植物为食。

野猪 *Sus scrofa*

英文名 Wild pig

形态特征 野猪，别称“山猪”。是家猪的祖先，外形与家猪相似。但嘴更长，性凶猛。体长1.5m～2m，体重约150kg。野猪适应环境的能力很强，只要有隐蔽的地方，能找到食物，就可以生存。毛色棕黑色或黑色。毛尖分叉，赭石色、土黄色或灰黄色。北方的野猪冬皮呈红色，有绒毛。南方的野猪无绒毛，毛被稀疏。

生态习性 喜集群生活，但没有固定的住地，到处游荡，只在繁殖时用树枝和杂草胡乱堆积成巢。杂食性，不但吃植物的嫩枝、根和果实，也吃动物尸体和其他小动物、昆虫及地下的软体动物。幼仔身上有许多条纹，长成后才逐渐消失。国内已大量人工驯养繁殖。

地理分布 全国各地均有分布。国外分布于欧洲、北非、高加索、西伯利亚、蒙古、日本、朝鲜、中亚、阿富汗、巴勒斯坦、伊朗、斯里兰卡、尼泊尔、克什米尔、苏门答腊、印度半岛、中南半岛、爪哇等地。

保护级别 国家保护的有益的或者有重要经济、科学研究价值的陆生野生动物。

双峰驼 *Camelus bactrianus*

别名 野骆驼、野驼

英文名 Bactrian camel, Wild two-humped camel

形态特征 体长约1.8m，肩高约1.5m。双峰驼是家养双峰驼的祖先，故体形和毛色相似，不同之处在：野骆驼的耳较短，驼峰较矮小，峰毛、颈下、四肢外侧及尾毛都短。双峰驼体毛沙黄褐色，个体间毛色变化不大。鼻面延伸成圆锥形，末端无软骨垫。眼眶闭锁。足有二趾。背部有两个脂肪肉瘤。

生态习性 生活在干旱地区，随季节变化而迁移。喜食盐碱植物，如柽柳、野蔷薇及盐木类，也常取食芦苇和榆类植物。除季节性迁移外，平时也常结伴游移。午间多在大树下休息。发情期驼群中只容许一头雄驼，若有外群雄驼侵入，必有一场恶斗。孕期1年以上，每胎产1仔。目前数量极为稀少。

地理分布 新疆南部（罗布泊和阿尔金山）。国外见于蒙古。

保护级别 国家Ⅰ级重点保护野生动物。

112

鼷鹿 *Tragulus javanicus*

别　名 小跳鹿、改范（傣族）

英文名 Lesser Malay chevrotain

形态特征 体长440～480mm，体重约2kg。两性均无角。蹄小，后肢比前肢长，适于跳跃。体背赭褐色，脊部较深，颈背微现条纹。喉、颈下、胸、腹部及四肢内侧均为白色。胸前有一三角形褚褐色斑，其中间为白色。四肢外侧锈棕色。

生态习性 生活在热带、亚热带丛林中。性孤僻，多单独活动，行动轻快，可像兔子一样跳跃奔跑。多晨昏活动。食青草和各种植物的嫩枝叶、果实。每胎产1仔，偶有2仔。

地理分布 国内仅见于云南西双版纳。国外主要分布于中南半岛、老挝、越南、马来西亚、缅甸、泰国、印度尼西亚。

保护级别 国家Ⅰ级重点保护野生动物。

原麝 *Moschus moschiferus*

别　　名 香獐、獐子、山驴子

英 文 名 Siberian musk deer

形态特征 体长650～950mm，体重8～13kg。两性均无角，雄麝有獠牙，且在后腹外生殖器部位有麝香腺囊。泪骨长小于宽。前颌骨内叶菱形。体毛深棕色，腰臀两侧有密集的肉桂色斑点，背部斑点较模糊。下颌白色。颈部两侧各有白色毛延至腋下，呈两条白带纹，成为与背部的明显界线。

生态习性 喜栖息于石质山地针叶林或针阔混交林中。单独活动，有较固定的活动范围，行走路线也较隐定。喜食地衣、石蕊、寄生槲，也食红松、冷杉、落叶松等的嫩枝叶，野果，蘑菇以及各种禾本科植物。发情期间雄兽间争斗激烈。孕期5～6个月，每胎产1～2仔。所产麝香是极高贵的定香剂，是制造高级香水的重要原料，也是极贵重的中药材。

地理分布 新疆、内蒙古、黑龙江、吉林、辽宁、河北、山西。国外见于西伯利亚东部、库页岛、蒙古北部和东部、朝鲜。

保护级别 CITES附录Ⅱ，国家Ⅰ级重点保护野生动物。

马麝 *Moschus sifanicus*

别　名　马獐、香獐、高山麝

英文名　Alpine musk deer

形态特征　体长800～900mm，体重约15kg。雄麝犬齿长而弯曲，雌麝犬齿小或几乎无。雄麝尾短而粗，大部分裸露，其上布满油脂腺体，仅尾尖有一丛稀疏毛。雌麝尾短而细，尾上毛匀密。体背毛棕褐或黄褐色，毛基乳灰色。颈背中央有一条较宽的暗褐色斑纹，中间有数个不规则的淡棕色斑，颈下纹黄白色。后腿后面有一块深褐色大斑。雄麝在后腹外生殖器部位有麝香腺囊。

生态习性　栖于高海拔山地针叶林边缘或灌木丛中，很少进入森林。单独活动，只有发情季节才成对生活。休息地较隐蔽，常选在石崖下或灌丛内幽深僻静处建窝。领地非常稳定，即使被猎犬追赶出山，也会很快返回原地。马麝经常活动的地方可见许多踏出的“兽径”。食物丰富时取食植物的幼嫩部分，冬天采食枯草及小树枝。每年繁殖1次，孕期约180天。每胎产1～2仔。所产麝香作用与其他麝相同。

地理分布　西藏、青海、宁夏、四川、甘肃、云南。国外分布于印度、尼泊尔、巴基斯坦、阿富汗和锡金。

保护级别　CITES附录Ⅱ，国家Ⅰ级重点保护野生动物。

林麝 *Moschus berezovskii*

别　名　獐子、香獐

英文名　Forest musk deer

形态特征　体长600～800mm，体重9kg左右。被毛粗硬，易脱落。成体毛色暗褐，染橘红色泽。吻部裸露无毛。下颌、喉、颈下部至胸部有明显白色或橘黄色区域。左右两颊下方至前胸部有一白色或淡黄色的颈纹。成体无斑点，臀部颜色深褐至黑色。吻短。雄麝在后腹外生殖器部位有麝香腺囊。

生态习性　生活于针叶林、针阔混交林和阔叶林，活动不离开森林。性胆怯，独居，活动范围相对稳定，不同季节有垂直迁移习性。能攀援45°左右的树干，在树枝上停留。雄性领域性极强，常用分泌物在树干上标记。食物很广，以各种植物嫩叶为食，特别喜食松萝、木通等。一般10月至次年1月发情交配，孕期175～183天，5～6月产仔，每胎1～2仔。所产麝香作用与其他麝相同。

地理分布　四川、云南、贵州、湖南、西藏、陕西、广东及广西北部山区。国外分布于越南北部。

保护级别　CITES附录Ⅱ，国家Ⅰ级重点保护野生动物。

黑麝 *Moschus fuscus*

别　　名 黑獐、獐子、香獐

英 文 名 Black musk deer

形态特征 体长900mm左右，体重不到15kg。全身黑褐色，四肢较粗壮，蹄甚大。泪骨长大于宽。前颌骨内叶条状。通体毛色为黑褐或暗褐色，背脊中央一带染不规则的微黄色。头后的颈背处有一稍宽而模糊的淡黄色半圆环，头部毛色较浅为深褐色。所有单毛基部乳灰色或乳褐色。雄麝在后腹外生殖器部位有麝香腺囊。

生态习性 生活在高海拔且气候寒冷的针叶林和砾石带，在冰雪覆盖的山林中觅食。生活习性和繁殖与其他麝基本相似。数量十分稀少。所产麝香作用与其他麝相同。

地理分布 目前仅在西藏东南部和云南西北部有发现。

保护级别 CITES 附录Ⅱ，国家Ⅰ级重点保护野生动物。

喜马拉雅麝 *Moschus chrysogaster*

英文名 Himalayan musk deer

形态特征 体长780～920mm，体重11～15kg。毛色比马麝和林麝深，背部及体侧棕褐色，臀部为鲜艳的黄白色，与其他麝类不同。头部宽短，吻部比马麝宽阔，耳尖较圆。上下唇和耳的内侧均为白色，眼圈为棕黄色，没有颈纹。雄麝在后腹外生殖器部位有麝香腺囊。

生态习性 栖于海拔2500～3900m之间的针阔混交林至高山草甸。活动规律与马麝相似。主要以松萝、苔草、杜鹃等植物的嫩枝和叶为食，有时也吃苔藓和地衣。繁殖情况似马麝，雌兽于5～7月生产，每胎产1～2仔。所产麝香作用与其他麝相同。

地理分布 仅见于西藏南部喜马拉雅山北坡的亚东、吉隆等地。国外分布于锡金、尼泊尔。

保护级别 CITES附录Ⅱ，国家Ⅰ级重点保护野生动物。

獐 *Hydropotes inermis*

别　名　牙獐、河麂

英文名　Chinese water deer

形态特征　体长约1m，体重约15kg。两性均无角，雄性獠牙显露。四肢较粗壮，尾甚短，隐于臀毛中。全身无斑纹，体毛一色，多棕黄或沙黄褐色，且浓密粗长。单毛的基部苍灰色，中段暗褐色，毛尖淡黄或棕黄色。腹毛比背毛颜色淡一些。

生态习性　栖于近江湖边缘的湿地、苔草地、芒草丛和芦苇中，低山丘陵灌丛和有稀树、灌丛草坡的环境也是适合它们生存的地方，基本不上高山。多独居，偶有成对活动。行动轻快，常以跳跃式前进。以植物嫩叶为主食，嫩枝、种子和果实占比例很少。喜食农田的豌豆苗、大豆叶、马铃薯叶、花生叶、红薯叶等。孕期6～7个月，每胎产1～2仔。雄獐6月龄性成熟，雌獐受精后有延迟着床现象。野生数量稀少。国内已开展人工驯养繁殖。

地理分布　安徽、江苏、浙江、湖南、湖北、广东、广西等地。国外分布于朝鲜。

保护级别　国家Ⅱ级重点保护野生动物。

119 赤麂 *Muntiacus muntjak*

别　名　黄猄、红麂、角麂、吠鹿、印度麂

英文名　Barking deer, Muntjac

形态特征　体长1m左右，体重可达20kg。雄麂有角，单叉型，角柄甚长，角尖向后再向内弯。脸部狭长，额部具明显的“V”形黑纹。体毛光滑细密，毛色以棕红为主，可因年龄和季节不同而变为深黄或黄褐色。下颌及咽部淡白色，胸腹部淡黄色至白色。鼠蹊部及尾腹面白色，下肢暗褐或黑色。

生态习性　栖于山地阔叶林和多灌木丛的环境中。单独活动，有一定的领域，范围多为较大的山窝。受惊外逃后仍会小心返回原地，所以住地比较稳定。采食各种植物的嫩枝叶，青草和落地的野果，也到农田采食农作物等。发情期间或天气变化时常在夜晚发出吠声，故称吠鹿。全年可以繁殖，孕期约7个月，产后7天内又可再次发情交配。每胎产1仔。野生数量稀少。

地理分布　云南、四川、陕西、贵州、广西、湖南、湖北、海南、西藏东南部。国外见于马来半岛、印度半岛、中南半岛等地。

保护级别　国家保护的有益的或者有重要经济、科学研究价值的陆生野生动物。

小麂 *Muntiacus reevesi*

别名 角麂、麻麂

英文名 Chinese muntjac

形态特征 外形似赤麂。体长700～800mm，体重不到15kg。颈背中央有一条黑线，体色从淡黄褐色至淡粟红色，随年龄和季节变化而不同。

生态习性 栖于气候温暖的低山丘陵地区，只要有充足的食物而无人干扰即可生存。单独活动，日夜均可觅食。胆小，稍有惊动即迅速藏匿。怕寒冷，雪天常到山下避风。食性和繁殖习性与赤麂基本相同。我国特有种，数量稀少。

地理分布 广东、广西、湖北、湖南、浙江、安徽、贵州、四川、陕西、云南、福建、台湾。

保护级别 国家保护的有益的或者有重要经济、科学研究价值的陆生野生动物。

黑 麂 *Muntiacus crinifrons*

别　名 青麂、乌金麂、蓬头麂

英文名 Black-fronted muntjac

形态特征 体长900~1100mm，体重21~28kg。体毛棕黑色，额顶有鲜棕色的长簇毛，这是易与赤麂区别的特点。此外，尾较长，侧蹄比其他鹿类发达。吻后、眼间部分为鲜棕色，并杂有粟色的斑点。前额、耳、颊部之间有“V”形橙粟色暗纹。腹部和四肢暗黑色，臀缘、尾腹面和鼠蹊部纯白色。

生态习性 栖于常绿阔叶林与灌木丛混交的山区。在同域环境生活的还有赤麂和毛冠鹿，而黑麂的栖息地往往较高，在深山高岭地黑麂的密度较大。成对活动。多在晨昏外出觅食，种类有伞菌植物、三尖杉、杜鹃类、南五味子等，还食各种植物的果实和种子，也到农田盗食作物幼苗。雄性2岁性成熟。无明显的繁殖季节，每胎多产1仔。孕期6个月。雄麂1岁性成熟，雌麂8月龄性成熟。我国特有种，数量稀少。

地理分布 浙江、安徽、江西。

保护级别 CITES附录Ⅰ，国家Ⅰ级重点保护野生动物。

毛冠鹿 *Elaphodus cephalophus*

别　名 黑麂、乌麂、青麂

英文名 Tufted deer

形态特征 体长580mm，体重15kg左右。额顶有一簇黑褐色长毛，故称毛冠鹿。雄性有角，但短小，不分叉，几乎隐于毛丛中。雌雄耳背均有一块白斑。体毛青灰色，也有灰褐或赤褐色者。尾背面黑褐到黑色，腹部、鼠蹊部及尾腹面白色。

生态习性 较喜欢生活在人迹罕至的高山大岭。不结群，多晨昏活动，白天隐于密林和灌丛中。喜食百合科、虎耳草科、蔷薇科和玄参科植物的嫩枝叶，也食野果和种子。秋冬交配，春夏产仔，每胎产1仔。

地理分布 甘肃、青海、陕西、河南和长江以南各地（海南除外）。国外仅分布于缅甸北部。

保护级别 国家保护的有益的或者有重要经济、科学研究价值的陆生野生动物。

梅花鹿 *Cervus nippon*

别名 花鹿、“哈”（藏语）

英文名 Sika deer

形态特征 体长1.05～1.7m，体重115～150kg。雄鹿角干有4枝，偶分5枝。夏毛棕黄色，背脊两边各有一列白圆斑，体侧满布鲜明的白色斑；腹毛白色，尾背面白色。冬毛厚密，有绒毛，栗棕色；背中央有暗褐色纵纹，无白斑或斑点模糊；鼠蹊部白色，尾背面深棕色。

生态习性 生活在山区，较平缓的山坡，林木稀疏、间有灌丛和草坡的开阔山地是其理想栖息地。喜集群，多在晨昏活动，以青草、嫩芽、树叶、苔藓等为食。行动轻快、迅速，嗅觉和听觉灵敏。发情期公鹿间常争斗，且常奔跑鸣叫。孕期约8个月，每胎产1仔，偶产2仔。已大量人工驯养繁殖。

地理分布 东北、华北、华东、华南各地。国外分布于朝鲜、日本、俄罗斯、越南等地。

保护级别 国家Ⅰ级重点保护野生动物。

水鹿 *Cervus unicolor*

别名 黑鹿、山牛、山马

英文名 Sambar

形态特征 体长约2m，雄性体重可达200kg。雄体有角，生于额部的后外侧，相对的角叉形成“U”字形，眉叉与主干成锐角分出，角干可2次分叉。耳大直立，眶下腺发达。体毛粗如牛毛，厚密，多灰褐色，也有栗棕色或棕褐色。尾较长，尾毛密而蓬松，黑色。鹿角每年换一次，茸角硕大。

生态习性 生活在山地森林中。好群居，入夜后三五成群外出觅食。生性机警，听觉和嗅觉灵敏，发现险情即飞奔而逃，并发出尖声惊叫。性喜水，夏天常到山溪中沐浴。食各种植物的嫩茎叶、花和果实。雌鹿1.5～2岁性成熟，雄鹿2.5～3岁性成熟。孕期8～9个月，每胎产1仔。

地理分布 南方各地，贵州、四川、青海的部分地区。国外分布于印度半岛、恒河上游地区、中南半岛、马来半岛等地。

保护级别 国家Ⅱ级重点保护野生动物。

白唇鹿 *Cervus albirostris*

别　名　白鼻鹿、黄臀鹿、岩鹿、扁角鹿、哈马（藏语）

英文名　Thorold's deer

形态特征　体长约2.1m，雄鹿体重200kg。角大，直线长可达1m，分枝几乎排列于同一平面上，呈车轴状，在分叉处变成扁平状。白色的唇是它突出的特点。体毛暗褐色，带淡色小斑点。臀斑土黄色，有黑色边缘。腹毛颜色较淡，尾背面近黑色。

生态习性　栖于高山密林及灌木地带和草地，适应高寒地区生活。集大群，每群几十头至200多头。在草甸、草原、沼泽、荒漠草场和疏林草场活动。采食莎草科、禾本科和豆科植物，偶食树皮和树枝。其足关节与驯鹿、麋鹿相似，行走时发出"咔喳咔喳"的响声。发情期间，雄鹿常用蹄或角刨动地面，在地上打滚，往身上沾泥土，还发出咆哮声向其他雄鹿示威。孕期220～230天，每胎产1仔，每年或隔年产1胎。中国特有种。

地理分布　青海、陕西、甘肃、西藏、四川、云南等地的高山地带。

保护级别　国家Ⅰ级重点保护野生动物。

马鹿 *Cervus elaphus*

别　名 赤鹿、八叉鹿、黄臀鹿、白臀鹿

英文名 Red deer，Wapiti

形态特征 体长约2m，雄鹿重200～250kg。雄性有角，其眉枝在角基向前分出，与向后长的主干几成直角，分3枝，角枝圆形。冬毛厚密，有绒毛，灰棕色或灰褐色。背脊中央到体后有一条黑棕色条纹。臀斑赭黄色、褐色或白色，尾赭黄色。夏毛较短，无绒毛，多赤褐色。

生态习性 栖于高山草原和针阔混交林中，也能适应高山灌丛草甸、针叶林带、河谷林灌带及疏林草地等不同的生态环境。集群生活，一般几头或十几头一群。采食的植物有200多种。春季主要采食禾本科植物，冬季以木本植物为主。9～10月发情。发情期雄鹿常用蹄扒土、用角顶树干。孕期225～262天，每胎产1仔。已有大量人工驯养繁殖。

地理分布 新疆、甘肃、青海、四川、宁夏、西藏、东北林区。国外分布于亚洲北部、中欧、西北非、北美。

保护级别 国家Ⅱ级重点保护野生动物。

坡　鹿 *Cervus eldi*

别　　名　海南坡鹿、泽鹿、眉角鹿

英 文 名　Eld's deer，Thamin

形态特征　体长约1.5m，体重60～90kg，雄性可超过100kg。雄鹿有角，眉叉于主干基部向前向上弯伸，形成向前的“C”形。体毛红棕色，染有灰棕、棕褐色调，背中线两侧至尾基部各有一行白斑，体侧和臀部有少量白斑。尾短，尾背面同体色，稍深，腹面白色。

生态习性　栖于热带性稀树草坡环境，不进高山密林。集群觅食，晨昏特别活跃。警觉性特别高，觅食时常有一鹿放哨（人称“哨鹿”），此鹿很少采食，不时抬头张望，发现危险惊叫一声，全群即飞奔而逃。主食青草、嫩枝叶，喜食地瓜。孕期约8个月，每胎产1仔。中国特有种。

地理分布　仅分布于海南省西南部的东方、白沙。

保护级别　CITES 附录Ⅰ，国家Ⅰ级重点保护野生动物。

麋鹿 *Elaphurus davidianus*

别　名 四不像

英文名 David’s deer，Mi-deer，Milu，Pere David’s deer

形态特征 与众鹿不同之处：头像马、角叉像“鹿”、蹄宽像牛、尾像驴，但又都不像，故称“四不像”。体长1.7～1.9m。雌鹿重100kg以上，雄鹿比雌鹿可大1倍。雄性有角，无眉叉，角干离头一小段后分前后2支，前支再分2叉。老鹿的次级分叉较复杂，无规律，左右不对称。尾较长，末端有长丛毛。蹄扁平，宽阔，趾间有皮腱膜，适于湿地行走。冬毛灰棕色，有绒毛；腹毛及四肢内侧黄白色。夏毛红棕色，并杂有灰色。

生态习性 野生麋鹿已绝迹。从历史记载及身体结构分析，它们比较适合温暖湿润的沼泽地带。麋鹿回归祖国后，放养在北京南苑、江苏大丰和湖北石首沼泽地上，目前生长均很兴旺。采食禾本科植物、苔类以及其他多种嫩草、杂草和树叶。孕期250～315天之间，每胎产1仔。

地理分布 历史上已在野外绝迹，重引入后现居于北京、江苏、湖北。我国特有种。

保护级别 国家Ⅰ级重点保护野生动物。

麅 *Caprealus capreolus*

别 名 狍子、野羊、狍鹿

英文名 Roe deer

形态特征 体长1m左右，体重25～45kg。雄狍有角，无眉叉，角干分3短枝。无獠牙。尾很短，隐于体毛内。冬毛灰棕色，喉部有不规则的白斑。臀部亦有白色斑块；腹毛淡黄色。夏毛棕黄至深棕色，下颌白色；喉、胸和腹部淡黄色。

生态习性 喜栖居草多树稀的低山丘陵地带，少到高山密林中活动，在山区的灌丛、河谷草坡和稀树平原也可见到。群栖，多三五成群行动。主食多汁植物如灌木的嫩枝、芽、树皮，也食草类、地衣、苔藓，有时到农田盗食大豆、谷物和蔬菜。每年发情1次，孕期270～280天，每胎多产2仔。

地理分布 西北、东北、华北及新疆。国外分布于欧洲、西伯利亚、朝鲜、蒙古、伊朗、伊拉克北部。

保护级别 国家保护的有益的或者有重要经济、科学研究价值的陆生野生动物。

130 驼鹿 *Alces alces*

别　名　堪达犴(蒙古族)、犴

英文名　Moose，Elk

形态特征　体长约2m，体重300kg左右。头大而长，吻部突出，上唇肥大，把下唇全部盖住。鼻长大，隆起如驼，表面被毛，仅在鼻孔间有一块三角形的裸露部分。喉部有梨状悬垂体，上被长毛。雄鹿有角，呈掌状分枝。全身黑棕色，背脊有深棕色鬃毛。单毛基部暗褐色，中段棕黄色，毛尖黑色。

生态习性　栖息于针叶林和针阔混交林中，在平坦低洼地带和沼泽地带活动，从不远离林区。集群活动。喜食柳、榛、桦、杨树的枝条和灌木的嫩枝条，夏季大量采食多汁的草本植物如杉叶藻、苦草等。雌鹿2岁后可参加繁殖。孕期约240天，每胎产1～2仔。目前数量较稀少。

地理分布　新疆、内蒙古、黑龙江。国外分布于欧亚北部、北美。

保护级别　国家Ⅱ级重点保护野生动物。

驯鹿 *Rangifer tarandus*

别　　名　角鹿

英 文 名　Reindeer，Caribou

形态特征　雌雄两性均有角，且角的分枝特别复杂，左右角的分枝通常不对称。体长约1.8m，体重100～140kg。鼻部被毛。耳短，形似马耳。尾短。主蹄圆大，中裂深。侧蹄大，能接触地面。冬毛长而密，有绒毛，灰白或棕灰色；夏毛短，无绒毛，栗棕色。也有体色花白和纯白的个体。

生态习性　栖于海拔1000m以上的落叶松、偃松、白桦等寒温带针叶林中，有时也到低山灌木地活动。喜食石蕊及其他苔藓植物和蘑菇，也食桦、柳的嫩枝。孕期225～240天，每胎产1仔。雌鹿1.5岁、雄鹿2.5岁性成熟。我国大兴安岭地区的鄂温克族将驯鹿驯为家畜，作运输工具。平时放上山任其自由觅食，用时才将其找回。

地理分布　大兴安岭东北部林区。国外见于欧亚和北美大陆北部。

保护级别　国家保护的有益的或者有重要经济、科学研究价值的陆生野生动物。

132

野牛 *Bos gaurus*

别　名　白袜子、野黄牛、印度野牛

英文名　Gaur

形态特征　外形和毛色似家养水牛，但体型比水牛大。体长 2m 以上，体重最高可达1500kg。四肢膝上及踝关节下至蹄均为白色，像穿了白袜子一样，故称其为“白袜子”。角不分叉，且终生生长，内有由额骨衍生的骨质角髓，外包以角鞘。成体和幼体身上都没有斑点；侧趾不完整或缺失，代之以蹄。

生态习性　生活在热带阔叶林、针阔混交林或稀树草坡等环境中。集群活动，游荡生活，活动范围广阔，无固定住所。嗅觉和听觉特别灵敏，胆大而机警。以各种野草和灌木的嫩枝叶为食。没有固定的繁殖季节。孕期约 9 个月，每胎产 1 仔，偶有 2 仔。

地理分布　仅分布于云南的西双版纳。国外分布于印度、孟加拉国、缅甸、老挝、泰国及尼泊尔南部等地。

保护级别　CITES 附录Ⅰ，国家Ⅰ级重点保护野生动物。

野牦牛 *Bos grunniens*

别　名 “野牛”、旌牛

英文名 Wild yak

形态特征 外形像野牛，体长1.6m左右，雄性肩高约2.03m，雌性略小，体重500kg左右。四肢粗短，蹄大而宽圆。除脸面部及体背中央的毛短外，其他部位均长有长毛，此为牦牛显著的形态特征。体毛暗褐黑色，喉及腹部长毛棕黑色，尾毛黑色。

生态习性 栖息地多在高海拔的山间盆地，高寒荒漠和草原等人迹罕到的地方。常结大群在广阔的草原上漫游。性凶悍，发怒时尾向上翘，低头奋蹄直向敌方冲击。嗅觉灵敏。以莎草、针茅、绿绒蒿和垂头菊等为食。爱饮水，冬季则啃冰雪。8～11月发情，孕期9～10个月，每胎产1仔。已有人工驯养种。

地理分布 西藏、四川、青海、甘肃、新疆。国外见于印度和尼泊尔。

保护级别 CITES 附录Ⅰ，国家Ⅰ级重点保护野生动物。

藏原羚 *Procapra picticaudata*

别　名　原羚、小羚羊、藏黄羊、西藏原羚

英文名　Tibetan gazelle

形态特征　体长小于1.1m。吻较短宽，额部隆起，眼大而圆，耳短小。仅雄羚具角，两角从头顶始于平行上升，再分开微向下弯，至角尖再呈弧形向内弯，角干密布环棱。体型瘦小、矫健，尾甚短，四肢细。蹄狭小，侧蹄发达，侧扁形。颈、体背面深棕褐色。臀部有明显的白斑，臀斑周围锈棕色。腹部及四肢内侧白色或淡黄色，尾毛有黑色和锈棕色相混。

生态习性　高原地区的草原、草甸、荒漠和半荒漠地带，在地形较平缓的山谷、平坡和湖溪附近活动。多结小群在有水草的地方觅食，冬季寒冷时才集大群行动。视、听觉灵敏，嗅觉较差。性机警。一般在清晨和黄昏觅食各种青草，也食菌类和嫩枝叶。冬季发情，孕期约半年。每胎产1仔，偶产双胎。我国特有种，数量稀少。

地理分布　西藏、四川、青海、甘肃。

保护级别　国家Ⅱ级重点保护野生动物。

普氏原羚 *Procapra przewalskii*

别　名　滩黄羊、黄羊

英文名　Przewalski's gazelle

形态特征　体长1.2m左右。雄性有角，左右角角尖向上向内弯曲成圆钩形状。体上部为土黄褐色或淡棕色，腹部以及四肢内侧呈白色。臀斑较大，为白色。尾短，长约12cm，尾毛棕褐色。

生态习性　栖息于草原、沙丘、荒漠、半荒漠并有苔草、芨芨草、沙鞭、麻黄和蒿属等植被类型的环境中。视、听觉灵敏，性机警，常以数十米高的沙丘缓坡作为隐蔽所。多结群生活，冬季寒冷时期集30只以上大群行动，夏季只有10只左右结小群生活。觅食青草、苔草、芨芨草、沙鞭、麻黄等植物。我国特有种。

地理分布　仅分布于青海省的青海湖东北岸和北岸附近。目前总数量仅有200～350只，是全世界有蹄类动物中最濒危的物种，极为稀少、珍贵。

保护级别　国家Ⅰ级重点保护野生动物。

黄羊 *Procapra gutturosa*

别名 蒙古瞪羚、蒙古原羚

英文名 Mongolian gazelle，Zeren

形态特征 体长约1.2m，体重22～38kg。臀斑较小，不全包围尾基的周围。无脸纹及侧纹。仅雄性有角，角短而直，有粗形横棱。夏毛红棕色，颌、喉、腹部和四肢内侧均为白色；尾基之白斑与腹部白色相连。冬毛颜色较浅。

生态习性 喜栖于丘陵草原或地势平缓的半荒漠地区，极少上高山密林和纯荒漠地带。集群生活，常数十头以至几百上千头结队迁移。冬季南迁，春季北移。以各种草本植物为食，食物缺乏时也可食干草，能耐渴。机警，善奔跑、跳跃，上跳可达2.5m高，下坡可跃13m远。初冬发情交配，繁殖力较强。每胎产1～3仔，幼仔出生后3天即可随母兽疾跑。

地理分布 内蒙古、吉林、河北、陕西、山西、宁夏、甘肃、新疆北部。国外分布于俄蒙和中蒙边界草原地区。

保护级别 国家Ⅱ级重点保护野生动物。

高鼻羚羊 *Saiga tatarica*

别名 赛加羚羊、猪鼻羚羊

英文名 Saiga antelope

形态特征 脸形与众不同，其吻鼻部明显延长而肿胀，鼻腔大，故称高鼻羚羊。体长1～1.4m，体重30～60kg。雄性有角，角呈琥珀色，透明，光泽如玉。体毛棕褐色，鼻和颊部褐色。腹面和尾毛白色。到冬天毛色变浅，甚至个别变为白色。毛长密而柔软。

生态习性 栖于中亚地区的草原、荒漠和半荒漠地带，有季节性迁移现象。喜集群。清晨和黄昏活动。以含盐质的灌丛和草类为食。冬季发情，孕期140～150天，每胎产1～3仔。数量稀少。

地理分布 国内仅分布于新疆西北部地区。国外分布于哈萨克斯坦、土库曼斯坦、蒙古、俄罗斯。

保护级别 CITES附录Ⅱ，国家Ⅰ级重点保护野生动物。

鹅喉羚 *Gazella subgutturosa*

别　名 瞪羚、长尾黄羊、羚羊、粗脖黄羊

英文名 Goitred gazelle

形态特征 体长约1.1m，耳较长而大，尾和角都比黄羊长。雌雄均有角，雌性角短，雄性角长。角左右分叉，微向后弯，角尖稍向上向内弯曲；角外表面近角基2/3处有显著的横棱。体毛淡灰色。有脸纹。从眶下腺起，向前至上唇均呈茶褐色；下唇经喉中线至胸、腹部及四肢为白色；尾黑棕色。冬毛颜色较浅，毛较厚密。

生态习性 主要生活在荒漠和半荒漠地区，也有在丘陵地带甚至上高山活动的。日间活动，常结小群在开旷的地方觅食。以猪毛菜属、葱属，戈壁羽茅、艾蒿类以及其他禾本科植物为食。受惊即飞奔而逃。冬季发情交配，6～7月产仔，多数每胎产1仔，偶有2仔。数量稀少。

地理分布 新疆、内蒙古、青海、甘肃。国外分布于蒙古、阿塞拜疆、哈萨克斯坦、乌兹别克斯坦、俄罗斯等地。

保护级别 国家Ⅱ级重点保护野生动物。

藏羚 *Pantholops hodgsoni*

别　名 藏羚羊、独角兽、长角羊、羚羊

英文名 Tibetan antelope，Chiru

形态特征 体长1.2～1.4m，雄性角长550～620mm，几乎笔直，远望侧面，似为仅有一角，故有“独角兽”之称。鼻端两侧膨胀，呈半圆形。尾短小而尖细。雄兽前额有“U”形暗褐色纹。颈背和体背浅红棕色，向腹面逐渐转为白色，故颈下、胸、腹及四肢鼠蹊部为白色。四肢外侧同体背色，牡羊前肢有黑褐色纵纹。

生态习性 海拔4000m以上的高山草甸、荒漠草原地区，尤其喜欢在离水源较近的草地觅食。性好奇，怯懦，但很机警。常隐身于岩穴中，集小群于晨昏活动为主。无固定的栖息地，随食物变化而游荡。喜食禾本科和莎草科植物。冬季发情交配，孕期约6个月，每胎产1仔。我国高原特有动物，数量稀少。

地理分布 西藏、青海、新疆、甘肃。

保护级别 CITES附录Ⅰ，国家Ⅰ级重点保护野生动物。

羚牛 *Budorcas taxicolor*

别名 扭角羚、牛羚、大白羊、竹牛、金毛扭角羚

英文名 Golden takin

形态特征 体侧披长毛。体长1.8～2m，体重250～300kg。脸形宽，前额和鼻腔显著隆起；四肢粗壮，尾短，隐于长毛中。角粗短，角形特殊，先向上长一小段，突然向外翻转，再向后向内扭转，故名"扭角羚"。肩部隆起之后，整个躯体上下，直到踵部及尾基部均呈灰棕色；惟腰部及臀部间杂棕黑色毛，故后体稍带暗色。尾端簇毛暗棕色。

生态习性 活动在高山大岭、海拔2500m以上的高山针叶林、针阔混交林或灌丛草甸等各种环境中，最喜欢栖息的地方是地势平坦的山洼。多在夏季集群，为避暑而向高山迁移。食物多种多样，其中以禾本科、百合科、蔷薇科、杜鹃科和伞形科的种类较多。但在食物缺乏的冬季，竹类则成为它们的主要食物。发情在6～9月间，孕期250～265天，每胎多产1仔。我国高原特有动物，数量稀少。

地理分布 西藏、陕西、云南、四川。秦岭亚种*B.t.bedfordi*分布于秦岭冷杉林地带。高黎贡亚种*B.t.taxicolor*分布于西藏和云南；国外分布于缅甸和印度。四川亚种*B.t.tibetana*分布于四川和甘肃南部。不丹亚种*B.t.whitei*仅分布于西藏雅鲁藏布江中游以南"大拐弯"以西地区；国外仅分布于不丹。

保护级别 CITES附录Ⅱ，国家Ⅰ级重点保护野生动物。

鬣羚 *Naemorhedus sumatraensis*

别　名 苏门羚、明鬃羊、大山羊、岩骡

英文名 Mainland serow

形态特征 体长1.8～2m，体重50～70kg。两性均有短角，耳长似驴。颈、肩背面有浅棕色长鬣毛。尾短，四肢粗。蹄间有足腺，可分泌黏液以利攀爬悬岩峭壁。体毛大部分黑褐色，杂以棕灰色毛，尾基部毛锈棕色。

生态习性 栖于石质高山地区。树林繁杂，乔木、灌木交替，间有裸岩、陡壁的环境是它们的典型栖息地。单独或2～3只一起活动。以各种植物嫩枝叶和菌类为食。遇敌即向险峻的石山顶奔去，迅速攀上人和其他动物无法行走的悬岩峭壁避难。多秋季交配，夏季产仔，孕期约8个月，每胎产1仔。高原特有动物，数量稀少。

地理分布 西藏、四川、云南、以及黄河以南大部分地区（台湾、海南除外）。国外分布于南亚以及东南亚各国。

保护级别 CITES 附录 I，国家 II 级重点野生保护动物。

斑羚 *Naemorhedus goral*

别　名　青羊、麻羊、灰包羊

英文名　Goral，Long-tailed goral，Himalayan goral

形态特征　体长1m左右，肩高约510mm。雌雄均有角，角短而直，角尖稍向下弯，角基部横棱明显。颈背有较短的鬣毛。四肢较粗短，蹄狭窄。体毛灰棕褐色，底绒灰色。下喉有一块白色大斑，斑边缘灰棕色。尾基灰棕色，尾末端棕黑色。

生态习性　习性似鬣羚。喜居深山密林。独栖或结小群行动。嗅、视、听觉都很灵敏，叫声似羊。白天隐藏于密林和岩洞中休息，晨昏活动。觅食乔、灌木的嫩枝叶以及青草、地衣和苔藓等。冬季发情，孕期6个月，每胎产1仔。数量稀少。

地理分布　青海、甘肃和东北、华北、西南、华南各地。国外分布于缅甸、印度、尼泊尔及俄罗斯的西伯利亚。

保护级别　CITES附录Ⅰ，国家Ⅱ级重点保护野生动物。

西藏斑羚 *Naemorhedus baileyi*

别　　名　红斑羚、红山羊、赤斑羚

英 文 名　Red goral

形态特征　雌雄均有角，但颈背无鬣毛。体长900～1000mm，体重25～30kg。体毛较松散，头、体背面毛红棕色，体侧较浅淡。从头后沿背脊至尾基部有一条褐黑色纹，胸部红棕色，中央有一条纵行黑褐色短纹。腹部黄褐色，鼠蹊部棕白色。

生态习性　多在密林深处较平坦空旷的地方活动，有较固定的活动范围。夏季在针叶林线以上的草甸和灌丛中活动，冬季下降到针阔混交林。单独活动，行动谨慎。清晨和黄昏觅食，边食边张望，发现异常情况立即隐入林中，或飞奔而逃。跳跃和攀岩能力强。以青草、灌木、嫩枝芽和地衣等为食。春季交配，孕期6个月，每胎产1仔。高原特有种，数量稀少。

地理分布　仅见于西藏东南部。国外分布于缅甸北部和印度阿萨姆东部地区。

保护级别　CITES 附录Ⅰ，国家Ⅰ级重点保护野生动物。

喜马拉雅塔尔羊 *Hemitragus jemlahicus*

别 名 长毛羊、山羊、塔尔羊

英文名 Himalayan tahr

形态特征 体长900～1500mm，体重50～90kg。雌雄两性角同形。但雄性角较粗大。左右角基部几乎相接，角尖则远离，呈“V”字形分开；角基粗大，呈三菱形，向后逐渐变细，并朝体背弯曲；角的前面有明显的龙骨状纵棱。体被毛粗长而蓬松，仅头部和四肢下部被毛短而紧贴。尤以公羊颈、肩部和股部的毛更长，下垂似蓑衣状。体毛灰褐或黑褐色，随年龄不同有变化。脸面及四肢的毛色最深，几呈黑色。公羊后腿后面苍灰或锈红色。

生态习性 能适应严寒和多雨气候。栖息地中主要有云杉、冷杉和桦树林，林线以上为灌丛草甸、高山草甸。喜在险峻的石山间活动，攀登险崖陡壁快捷稳健。集群。活动范围较固定，有季节性迁移。冬寒下迁，入夏上移。以禾本科植物为食，也食各种灌丛的嫩枝叶。冬末初春发情交配，孕期约200天，在6～7月间产仔，每胎1仔。雌羊3岁性成熟。高原特有动物，数量稀少。

地理分布 国内仅分布于喜马拉雅山南坡。国外分布于恒河上游、尼泊尔、锡金等地。

保护级别 国家Ⅰ级重点保护野生动物。

北山羊 *Capra ibex*

别　名　羱羊、亚洲原羊、悬羊

英文名　Asiatic ibex

形态特征　体长1～1.2m，体重40～60kg。尾短，但超过耳长。两性均有角，雄性角长可达1m多，状如弯刀。角上有许多显著的横棱，角扁。夏毛体背面棕黄色，从头后枕向后经背脊到尾基部有一条黑色的纵纹，尾尖棕黑色，腹面纯白色。四肢前面由上至下有黑棕色纵纹。冬毛长且毛色浅淡，黄白或纯白色。

生态习性　栖居高原石山荒裸之地，在高山草地食草，然后回高山裸岩休息。以公羊为首集小群活动，偶见有上百只大群。听、视、嗅觉都甚发达。觅食时，多有“哨兵”在高处警戒。食草及各种灌木的嫩枝叶。冬季发情，孕期5～6个月，每胎产1～2仔。高原特有动物，数量稀少。

地理分布　新疆、西藏、甘肃、青海、内蒙古等地区。国外分布于意大利、西伯利亚、阿富汗、蒙古、阿拉伯和埃及等国家和地区。

保护级别　国家Ⅰ级重点保护野生动物。

岩羊 *Pseudois nayaur*

别名 青羊、牛羊、石羊、崖羊、蓝羊

英文名 Blue sheep

形态特征 角干向两侧下弯，至角尖转向后向上微弯。颏下无髯。体长约1.1m，体重约40kg，雄性可达60kg。体背毛棕黄色，杂以少数黑色毛尖。上、下唇，耳内侧和脸侧灰白色。四肢前面及腹侧有宽阔的黑纹。喉部及前胸黑褐色。腹部、四肢内侧和鼠蹊部白色。各蹄侧有一圆形白斑。因其体色与岩石颜色相似，故躺卧休息时与岩石很难区分。

生态习性 生活在高原地区，善攀登山岭，很少进入高山密林，多在低丘或山谷平坦地带活动。无固定的活动范围，行动敏捷，受惊即奔向险峻的山坡。喜群栖。以各种青草和灌木嫩枝叶为食。冬季繁殖，孕期约10个月，每胎产1仔。高原特有动物。

地理分布 西藏、四川、云南、青海、陕西、甘肃、宁夏、新疆、内蒙古等地区。国外分布于锡金、尼泊尔等地。

保护级别 国家Ⅱ级重点保护野生动物。

倭岩羊 *Pseudois schaeferi*

别　名　矮岩羊、小岩羊、杉木羊、倭山盘羊、“绒那”(藏语)

英文名　Sichuan blue sheep, Dwarf blue sheep

形态特征　体形与岩羊相似，但体型较小，体重30～40kg。角较直，内侧有一明显的纵棱直至角尖4/5处。冬毛银灰色，夏毛灰褐色，体侧没有黑纹而与岩羊区别。体背毛暗灰褐略带黄色。喉及前胸灰褐色，向后至腹部为灰白色，故背腹界线分明。前肢前缘有黑纹，后肢黑纹从鼠鼷至蹄。

生态习性　栖于山间河谷接近河溪的地带，或有乱石悬崖的山地。集小群生活，少则几头，多则十几头。在林间草地或灌木丛中觅食。11月发情，5月产仔，每胎多产1仔。我国高原特有动物。数量稀少。

地理分布　目前仅在四川西部、青海东南部、西藏东南部有发现。

保护级别　国家Ⅱ级重点保护野生动物。

盘羊 *Ovis ammon*

别名 大头羊、大头弯羊、盘角子、蟠羊、大角羊

英文名 Argali sheep

形态特征 雄性体长1.8～2m，体重95～140kg。雌性较小。角粗大，先向后两侧伸出，后向下盘曲呈螺旋状。颏无须，耳小，尾甚短。体背毛暗棕或灰棕色，杂有白色毛。耳内有白斑。臀部白斑大。胸、腹部黄棕色，下腹及鼠蹊部白色。尾背面与体背色相似，中央有一条棕色线。

生态习性 栖息于高海拔的空旷开阔地区，亦喜登高山裸岩，很少进入林区。多集小群生活，活动区域比较固定，只有遇干旱和冰冻时才迁移。视、听、嗅觉都很灵敏。晨昏活动。以禾本科和各种杂草、灌木嫩枝叶为食。冬季发情，孕期5个月，次年5～6月产仔。每胎产1仔，偶有2仔。数量稀少。

地理分布 内蒙古、青海、甘肃、四川、西藏。阿尔泰亚种*O.a.ammon*分布于新疆北部与蒙古交界的地区。西藏亚种*O.a.hodgsoni*分布于西藏南部、青海、四川。天山亚种*O.a.littedalei*分布于新疆天山。内蒙古亚种*O.a.darwini*分布于新疆、内蒙古、甘肃、宁夏。阿尔金亚种*O.a.dalailamae*分布于新疆东南部。罗布泊亚种*O.a.adametzi*分布于罗布泊地区。准噶尔亚种*O.a.sairensis*分于准噶尔盆地和萨吾尔山。帕米尔亚种*O.a.poloi*分布于新疆西部和中部；阿富汗。

保护级别 *O.a.hodgsoni*、*O.a.nigrimontana*（我国无）两亚种列为CITES附录Ⅰ，其余亚种列为CITES附录Ⅱ，国家Ⅱ级重点保护野生动物。

啮　齿　目

RODENTIA

啮齿目是兽类中种类最多、数量最大的一个目，广泛分布于世界各地，形态多种多样，适应环境能力强。其共同形态特征是：上下门齿各1对，终生生长；无犬齿；门齿与颊齿间的齿隙甚宽；齿数一般不超过22枚。

赤腹松鼠 *Callosciurus erythraeus*

别 名 赤腹丽松鼠、尾鼠、乌眼眶、红胸松鼠、红腹松鼠

英文名 Belly-banded squirrel

赤腹松鼠皮（冬）

形态特征 体长200mm左右，体重约300g。吻部较短，头部宽圆。尾被毛密而蓬松。前足4趾，后足5趾；趾爪锐利，善攀缘。体背毛橄榄黄色，有麻色感。眼睛周围具黄棕色环，耳缘黄色较显著。四足背面颜色加深为黑褐色，足趾为黑色。尾中部有不太明显的黄黑相间环，尾末端毛色有棕黄色、深棕黄色和白毛，随不同地区的不同种群而异。

生态习性 栖居热带和亚热带森林中，次生杂木林和灌木丛也常见。白天活动，以野果和嫩叶为食，还常到农田盗食农作物等。每胎多产2～3仔。

地理分布 江苏、浙江、四川、云南、湖北、福建、广东、广西、海南、台湾等地。国外分布于中南半岛、马来半岛。

保护级别 国家保护的有益的或者有重要经济、科学研究价值的陆生野生动物。

蓝腹松鼠 *Callosciurus pygerythrus*

别 名 伊洛瓦底江松鼠

英文名 Irrawaddy squirrel

形态特征 体长170～210mm。体背面及尾背面呈橄榄褐色，体侧颜色较淡，呈灰褐色。头部、四足背暗灰色。上、下嘴唇和吻部污白色。腹部淡蓝灰色。尾部具灰黑、淡黄和淡白等相间环纹，尾端黑色。

生态习性 栖于海拔600～1300m之间的热带雨林中，多活动于芭蕉和香蕉生长的地方，其他生境较少见。常单独行动，夜间在乔木树上休息，白天出来觅食。主要取食芭蕉和香蕉的花蕊，亦吃其他野果和昆虫。每年繁殖1次，每胎产3～4仔。

地理分布 我国仅有1个亚种 *C. p. stevensi* (Thomas, 1908)，分布于西藏的墨脱。国外的越南、老挝、缅甸、尼泊尔等地为主要分布地。已知有8个亚种，不同亚种腹部颜色不同，除蓝色外，还有灰色、浅红色、赤灰色和淡黄色等变化。

保护级别 国家保护的有益的或者有重要经济、科学研究价值的陆生野生动物。

明纹花松鼠 *Tamiops maclellandi*

别　　名　喜马拉雅条纹松鼠

英 文 名　Himalayan striped squirrel

形态特征　体长在120mm以下。尾上被毛紧贴，故尾巴显得纤细。耳尖具明显的棕黄色纹，最外侧具1条较显著的淡黄色侧纹，该纹从鼻端至臀部。耳尖端的簇毛上半段为纯白色，下段铅黑色。腹面和四肢内侧均为乳黄白色。尾背面有黑、黄相间的5条纵纹；尾腹面黄色，尾尖端黑色。

生态习性　栖息于热带、亚热带森林中，多在高大的乔木上生活，极少下到地面。以螺旋方式攀缘上树，以树皮缝隙间的一些附生植物为食。主食植物的果实、嫩叶，也食昆虫和鸟卵。

地理分布　国内仅分布在西藏和云南。国外分布于尼泊尔、中南半岛、马来半岛。

保护级别　国家保护的有益的或者有重要经济、科学研究价值的陆生野生动物。

隐纹花松鼠 *Tamiops swinhoei*

别　　名　金花鼠、花松鼠、花刁林

英 文 名　Swinhoe's striped squirrel

形态特征　体长130mm左右。耳尖无簇丛毛，两耳尖端有白色束毛。尾毛不紧贴尾干，显得蓬松。体背毛棕褐色，在头顶、体背中部和臀部的颜色较显著，毛基部灰黑色。有5条纵纹，背中央脊纹黑褐色，两侧为褐色，外侧为棕黄色。腹毛灰黄色。尾毛亦呈棕褐色，其两侧显棕黄色及黑色边缘。

生态习性　是典型的树栖啮齿动物，多在深山密林中活动，山区村前屋后的大树上也常见。栖居在树洞或在树枝上筑巢。以植物的花、果、嫩叶以及昆虫为食。每胎产2～4仔。

地理分布　长江以南各地及河北、河南、山西、陕西、甘肃、宁夏。国外分布于中南半岛。

保护级别　国家保护的有益的或者有重要经济、科学研究价值的陆生野生动物。

红颊长吻松鼠 *Dremomys rufigenis*

别　名　赤颊鼠、长吻松鼠

英文名　Red-cheeked squirrel

形态特征　体长200mm左右，尾长不及体长。外形和大小似赤腹松鼠，但吻部较长，两颊染锈红色，体型也较瘦长。体背橄榄黄色，单毛基部灰黑色。腹毛灰白色。臀部两侧染红褐色。尾基部与体背同色，其余部分毛较长而暗，具白色毛尖，形成不明显的黑、灰色环形相间。

生态习性　喜欢栖息于针阔混交林中。以树栖为主，也常见它们在地面觅食。白天活动，采食各种植物的嫩枝叶和野果，有时也寻找鸟卵及捕捉昆虫为食。

地理分布　云南、四川、安徽、贵州、湖北、广西、海南。国外分布于中南半岛、马来半岛、阿萨姆等地。

保护级别　国家保护的有益的或者有重要经济、科学研究价值的陆生野生动物。

巨松鼠 *Ratufa bicolor*

别　名 树狗、藤狸、黑果狸

英文名 Black giant squirrel

巨松鼠皮

形态特征 体长350～420mm，成年体重可达2kg。耳短圆，有蓬松的短毛簇。尾比体长，粗圆，毛蓬松。头、体背面及四肢外侧和尾毛均为黑色。体腹面从下颌至鼠蹊部和四肢内侧呈鲜黄色或橙黄色，因此，背、腹两面界线分明。

生态习性 栖息在热带森林中，在高大的乔木树桠上用树枝和树叶筑巢，也利用枯树洞隐蔽或栖息。白天活动，平时单独觅食，发情季节才可见一树上有2只以上行走。以植物果、嫩芽和花为食。多在春季发情交配，夏季产仔，每胎常产2仔。

地理分布 国内仅在云南、广西、海南有分布。国外分布于中南半岛、马来半岛、苏门答腊、阿萨姆、爪哇等地。

保护级别 CITES附录Ⅱ，国家Ⅱ级重点保护野生动物。

155 条纹松鼠 *Menetes berdmorei*

别　名　条纹松鼠、线松鼠

英文名　Indo-Chinese ground squirrel

形态特征　体长200mm左右，尾长不及体长。吻部比一般松鼠尖长，背面有多条纵纹。体毛柔软细密。头部赤色，体背面灰黑色染橙色。背中央的纵纹颜色较淡，两侧各有2条黑纹和2条淡黄白色纵纹。腹毛白色或淡黄色，至尾下面变为赤色。尾毛蓬松，毛色与体背颜色相近。

生态习性　多在灌木丛和竹林等浓密树林中活动，有时还可在树桩附近的矮林和田园中发现。活动和食性与其他松鼠相似。

地理分布　国内仅分布于云南。国外分布于中南半岛、马来半岛。

保护级别　国家保护的有益的或者有重要经济、科学研究价值的陆生野生动物。

岩松鼠 *Sciurotamias davidianus*

别　　名 石松鼠、岩鼠

英 文 名 Pere David' s rock squirrel

形态特征 体长200～250mm，体重约300g。尾比体长，尾毛较为稀疏。具颊囊。自头顶向后至尾基部为灰棕黄色，耳后有淡黄色或白色斑。腹面肉黄色。尾基部约1/3与体背同色，其余部分毛尖白色，毛基部棕黑色，故暗褐色环若隐若现；尾腹面中央部为棕黄色，两侧镶以棕黑及灰白边缘。

生态习性 地、树两栖类型，多营巢于石隙中，也有在灌丛或小乔木上建巢者。以植物果实、种子为食，特别喜食杉树籽、玉米芽，食物丰富的地方常可见数十只集群觅食。每胎产2～5仔，以2～3仔居多。我国特有动物。

地理分布 北京、天津、河北、辽宁、河南、山西、陕西、甘肃、宁夏、四川、安徽、云南、贵州、湖北等地。

保护级别 国家保护的有益的或者有重要经济、科学研究价值的陆生野生动物。

花鼠 *Eutamias sibiricus*

别名 五道眉、花刁林

英文名 Siberian chipmunk

形态特征 体长140mm左右，体重约100g。花鼠最明显的形态特征是背部具5条黑色的纵行条纹及相间的4条淡黄色纹，看起来花纹斑驳，故称花鼠。除上述条纹特征外，头部条纹也较复杂。臀部呈锈红色，腹部浅黄色。毛基部灰色。尾背面毛基棕褐色，毛尖端白色，腹面中央锈黄色，两边镶以黑白缘。

生态习性 生活在中等海拔高度的针叶林中，选择枯树洞建巢。白天活动，数量不多，通常单独或2～3只一起活动。以针叶树的种子和嫩叶为食，也到林区、农区觅食播下的种子。

地理分布 河北、山西、河南、陕西、甘肃、新疆和东北各地。国外分布于俄罗斯、蒙古北部、朝鲜、日本的北海道等地。

保护级别 国家保护的有益的或者有重要经济、科学研究价值的陆生野生动物。

158 松 鼠 *Sciurus vulgaris*

别 名 灰鼠

英文名 Eurasian red squirrel

形态特征 体长 180～260mm，体重 400～450g。冬季耳背面和耳端具显著簇毛。体背毛以灰褐色为主，但颜色深浅变化较大。通常夏毛颜色较深，体、四肢及尾呈黑色或棕黑色。体腹面从喉、胸、腹及四肢内侧均为纯白色。尾毛蓬松，稍扁。

松鼠皮（东北）

生态习性 栖息于寒带针叶林或针阔混交林中，喜欢在茂密的高树冠下筑巢。巢有一个近圆形的出入口，也可用树洞或鸟窝作为副巢居住。日间活动。主食松、杉及榛、橡树的种子，亦食昆虫及其幼虫和各种浆果。有贮藏食物的习性，秋季将种子埋于地下，以备冬季取食。年产 2 胎，孕期 35～40 天，每胎产 3～6 仔。

地理分布 新疆、内蒙古、东北、华北各地。国外分布于蒙古、朝鲜、日本、俄罗斯及欧洲其他地区。

保护级别 国家保护的有益的或者有重要经济、科学研究价值的陆生野生动物。

喜马拉雅旱獭 *Marmota himalayana*

别　　名　草原旱獭、雪猪

英 文 名　Himalayan marmot

形态特征　体型肥胖似小猪，故产地又称其为雪猪。体长500mm左右，体重可达9～10kg。四肢粗短，指(趾)爪发达。体背毛浅黄褐色，微染黑色，腹毛土黄色。吻鼻部黑褐色，额部染有黑色斑。吻侧经眼至耳根前呈橘黄色。尾短，末端扁形，黑褐色，前段与体背同色。

生态习性　为典型的高山草原啮齿类，生活在海拔4000～5000m之间的草原和草甸地带。集群栖居洞穴，洞多建于向阳的山坡，使洞内温暖而干燥。日间出没，尤以晨昏较为活跃。以各种青草和灌木的嫩枝、叶为食。是鼠疫的中间宿主。

地理分布　西藏、新疆、青海、甘肃、云南。国外分布于蒙古、阿尔泰、贝加尔湖等地区。

保护级别　CITES 附录Ⅲ。

长尾旱獭 *Marmota caudata*

别　名　红旱獭

英文名　Long-tailed marmot

形态特征　体长约500mm。尾较长，几乎达体长的1/2。体重5～7kg。体毛鲜锈色或橙锈色，头部较暗黑，体背带褐色，腹面橙色较多。尾毛蓬松，末端褐色或黑色。

生态习性　栖息于高海拔草原区。生活习性同其他旱獭，但洞穴结构较复杂，往往有4～5个洞口，洞道较长而深，有多个巢窝。每年产1胎，每胎产2～4仔。长尾旱獭是鼠疫病原体的自然携带者。

地理分布　国内仅分布于新疆西南部。国外分布于中亚 、印度半岛西北部、阿富汗等地。

保护级别　CITES 附录Ⅲ。

棕鼯鼠 *Petaurista petaurista*

别　名　红背鼯鼠、大飞鼠、大鼯鼠、赤鼯鼠

英文名　Red giant flying squirrel

形态特征　体长400～500mm，体大者全长可超过1m，尾长大于体长。背面从头到尾呈深栗色。单毛分黑色、深灰色、栗色、红棕色等5个色段。眼眶黑色，颏部有一小褐斑。腹毛粉红或橙红色。尾基部深栗色，有黑色毛尖。

生态习性　生活在林木高大的森林中，尤其喜爱在植物果实较多的大树上栖息。白天在树洞内休息，天黑以后才外出活动。从树的高处向另一棵树滑翔，飞行距离可达20～30m，到树干下部后，再往上爬，如此反复滑翔，至有果实的树上才慢慢取食。多单独活动，以食植物果实为主，也取食一些嫩树枝叶。粪便、尿液称“五灵脂”，可入药。

地理分布　西藏、贵州、四川、云南、福建、广东、广西、台湾等地。国外分布于马来半岛、中南半岛、印度半岛。

保护级别　国家保护的有益的或者有重要经济、科学研究价值的陆生野生动物。

灰鼯鼠 *Petaurista xanthotis*

别　名　黄耳斑鼯鼠、黄白斑鼯鼠、催生子、大飞鼠

英文名　Chinese great flying squirrel

形态特征　体长约400mm，尾长与体长相似。头圆似猫。口周、唇部白色，耳外侧基部具黄色斑块。体背面毛自头顶向后到尾基部为浅黄褐色。颊下及喉部白色；胸腹部为灰白色稍浅黄色。尾毛蓬松，故尾部显得粗大，毛色基本与体背毛颜色相同。前足背棕色，后足背黑色。

生态习性　生活在海拔2000～3000m的高山针叶林带，营巢于高树洞内，昼伏夜出，日间隐蔽于树洞或自己营造的巢穴中。若受惊吓，可滑翔至浓密的树丛中隐蔽。夜间外出觅食，食物为植物果实和嫩叶。冬季有个体全身毛变为白色。温度低至−20℃左右时，活动十分迟缓。每年夏季产仔，每胎产2只左右。粪便、尿液称“五灵脂”，可入药。

地理分布　西藏、青海、陕西、甘肃、云南。

保护级别　国家保护的有益的或者有重要经济、科学研究价值的陆生野生动物。

复齿鼯鼠 *Trogopterus xanthipes*

别　名 寒号鸟、寒塔拉虫、黄足鼯鼠

英文名 Complex-toothed flying squirrel

形态特征 体长270～300mm，尾与体的长度接近或稍短。耳基部有黑色长毛丛，后耳基毛丛较前耳基毛丛长约1/3。口鼻周围锈棕色；额部灰色，眼周具黑褐色环。耳赤黄色，向后经体背至尾基部为棕黄色。颔下具赤褐色斑，腹部及前足白色。飞膜边缘棕黄色。尾毛灰黄褐色。

生态习性 栖息于森林中，在针叶林、针阔混交林和阔叶林中均有活动。住树洞或枯树穴隙中。以植物果实、嫩枝叶为食，其余生活习性与其他种鼯鼠相同。每年繁殖1次，孕期74～82天，每胎多产1～2仔，偶有3～4仔。我国特有种。粪、尿称“五灵脂”，可入中药。

地理分布 西藏、贵州、云南、河北、陕西、山西、湖北等地。

保护级别 国家保护的有益的或者有重要经济、科学研究价值的陆生野生动物。

毛耳飞鼠 *Belomys pearsonii*

别　　名　绒耳鼯鼠、毛足鼯鼠 、皮氏飞鼠

英 文 名　Hairy-footed flying squirrel

形态特征　体长180mm左右，体重约150g。耳小，耳壳背缘有缺凹，耳基前后缘各有一撮长毛。尾比体长稍短，膝部被毛直达趾端。体背毛棕褐色，有白细斑分布期间。腹毛浅棕黄色。飞膜边缘毛浓密，背面黑褐色。尾背面灰褐色，腹面棕色。

生态习性　栖于天然林中，筑巢于树洞内。巢结构颇为精致，分为3层，外层用枯树枝编成，中层是用一种浅白色干枯枝的长纤维织就，内层用头发状的纤维絮系牢，不易拆散。巢直径约20cm，椭圆形，巢顶部尚有遮掩物，甚为巧妙。夜间活动。觅食野果和嫩枝叶。

地理分布　云南、海南。国外分布于越南、老挝、柬埔寨、锡金。

保护级别　国家保护的有益的或者有重要经济、科学研究价值的陆生野生动物。

飞鼠 *Pteromys volans*

别　名　小飞鼠，小催生

英文名　Siberian flying squirrel

形态特征　体长135～165mm，体重约190g。头圆、眼大、耳短圆。面颊灰黄色，眼周有较宽的黑棕色圈。体背毛棕黄色或锈褐色，具光泽。腹毛白色，毛基灰色。毛上部呈棕褐色。冬季毛色较暗，体背黄褐、腹面淡橙色、尾棕褐色。尾毛呈羽毛状侧分排列，故尾为扁形。

生态习性　栖于高大的树林中，营树栖生活，善攀爬和滑翔。主要在傍晚和夜间活动。以各种野生坚果和松树种子为食。冬季能贮藏食物，但无冬眠现象。多在4～6月间繁殖，每年1胎，每胎产2～4仔。

地理分布　新疆、内蒙古、甘肃、山西、河北、河南、四川、东北地区。国外分布于蒙古、朝鲜、西伯利亚、欧洲。

保护级别　国家保护的有益的或者有重要经济、科学研究价值的陆生野生动物。

沟牙鼯鼠 *Aeretes melanopterus*

别　名　黑翼鼯鼠、飞鼠、麻催生子

英文名　Chinese flying squirrel

形态特征　体长350mm左右，尾长约348mm，体重约950g。上门齿较宽，且有一直沟，此沟随年龄增长而加深。体背毛由浅黄、灰、黑三色混合而呈棕灰色。皮膜背面黑褐色，边缘灰色。颌下有一浅褐色或黑色小斑。腹部黄白色，有一淡棕色纵纹。尾棕灰色，末端黑色，尾毛向左右分长，呈扁形，蓬松。

生态习性　四川的沟牙鼯鼠生活在川西北高山针叶林区。栖于高山冷杉和红桦混交林中。筑巢于树洞。夜行性。以坚果及其他果实和嫩枝叶为食。5月可发现正在哺乳的幼鼠。我国特有动物。

地理分布　仅在河北、甘肃、四川有发现。

保护级别　国家保护的有益的或有重要经济、科学研究价值的陆生野生动物。

167

红白鼯鼠 *Petaurista alborufus*

别　名　红催生、飞生虫、飞生鸟

英文名　Red and white flying squirrel

形态特征　属大型鼯鼠，体长 560mm 左右，尾长约 420mm，体重约 2kg。鼻吻部向后沿面颊下边至耳基部白色。体及皮膜背面赤褐色，体背后部有一大块浅黄或花白色毛区。腹面淡橙棕色，中间有白色毛区。尾基部背面有一块白斑。

生态习性　栖息于山区阔叶林或针阔混交林中，尤其喜欢在石灰岩质的山地中生活。夜行性。以坚果及其他果实和嫩枝叶为食，对林业有一定影响。

地理分布　四川、云南、贵州、陕西、湖北、广西。国外分布于缅甸、泰国等。

保护级别　国家保护的有益的或者有重要经济、科学研究价值的陆生野生动物。

低泡飞鼠 *Petinomys electilis*

别　名 海南小飞鼠、菲氏飞鼠

英文名 Hainan flying squirrel

形态特征 体长123～173mm，尾长116～160mm。颅宽，吻短，听泡低扁。胁部及前胸分布有全白色毛。尾扁形。头顶及体背毛尖灰黄色，向下至基部均灰黑色。飞膜边缘白色，腹部灰白色。耳壳后面有白斑。

生态习性 栖于海拔3000m左右的森林中。利用枯木洞隙作巢，离开地面甚高。有鼯鼠居住的树洞洞口光滑。黄昏时开始活动，采食各种野果和植物嫩枝叶。夜行性，白天蜷缩在洞内用尾巴包住头睡眠。以坚果及其他果实和嫩枝叶为食，对林业有一定影响。

地理分布 海南、福建、广西、贵州。

保护级别 国家保护的有益的或者有重要经济、科学研究价值的陆生野生动物。

169 河狸 *Castor fiber*

河狸皮

别　名 海狸、洪都斯（哈萨克语）

英文名 Eurasian beaver

形态特征 体长700mm左右，体重25～30kg，尾长360mm，雌体略小。眼小而有瞬膜。耳短，有瓣膜。尾扁宽，呈桨状，并被有角质鳞，鳞片间有稀少的毛。前后足均具5趾，后足甚为宽大，趾间具蹼，作为游泳的器官。肛门前有一对香腺，能分泌"河狸香"。体浅褐色到深褐色。足部和尾部均接近黑色。

生态习性 喜欢生活在杨、柳、桦和芦苇生长茂盛的河湖岸边。善游泳和潜水，在堤岸旁挖洞穴居。主要以柳、杨、桦、芦苇及一些杂草为食。每年繁殖1次，春季交配，孕期105～107天，每胎产1～5仔。

地理分布 仅分布于我国新疆东北部的青河、布尔根河和乌伦古河等水体。是在我国境内惟一的该种保存地。国外分布于蒙古北部、欧洲。

保护级别 国家Ⅰ级重点保护野生动物。

170 豪猪 *Hystrix hodgsoni*

别　名　箭猪

英文名　Chinese porcupine, Crestless Himalayan porcupine

形态特征　体长650mm左右。全身披棘刺，棘刺纺锤形，两端白色，中间为黑色。刺长200mm左右，直径有6mm。颈脊披鬣状长毛。体腹面及四肢的刺短小而软。在全身硬刺中间，夹杂有疏稀的长白毛。尾短，隐于棘刺中，尾毛特化为管状，俗称“尾铃”。

生态习性　栖息于山地草坡、灌丛或树林中。挖洞而居，洞穴多见于山麓地带的坡上，每洞有多个隐蔽于浓密树丛中的洞口。日隐夜出，以植物的块根为食，常到农作物区盗食甘薯、木薯、花生、玉米、菜蔬、瓜果等。多单独行动，常循一定路线行走，走路时发出沙沙音响。遇敌时竖起棘刺，口内发出“pu pu”声音。每年产1胎，每胎多产2～4仔。

地理分布　长江以南各地和西藏南部。国外分布于尼泊尔及中南半岛。

保护级别　国家保护的有益的或者有重要经济、科学研究价值的陆生野生动物。

啮齿目 RODENTIA　豪猪科 Hystricidae

171 扫尾豪猪 *Atherurus macrourus*

别　　名　长尾箭猪

英 文 名　Brush-tailed porcupine

形态特征　体长380～530mm，尾长140～230mm，体重2～2.5kg。棘刺扁形，刺中央有一纵沟。颊须长，向后拉可到肩部。全身灰褐色。背中央的棘刺较粗长，刺间基部有白色的绒毛，硬棘的颜色较黑。颏部和腹部均灰白色，胸部与体背同色。尾上被鳞，其间有稀疏的短棘刺，末端有浅黄色的穗状毛。

生态习性　喜栖居靠近作物区的山地森林。挖洞筑巢，营家族性聚居。日隐夜出，视觉差，听觉灵敏。主食植物的块根和野果，常到农田盗食农作物。也食蚯蚓及其他地下昆虫。属热带种类。每年产1胎，春季产仔，每胎产2～5只。

地理分布　四川、贵州、云南、湖北、湖南、广西、海南。国外分布于越南、马来半岛及附近岛屿。

保护级别　国家保护的有益的或者有重要经济、科学研究价值的陆生野生动物。

四川林跳鼠 *Eozapus setchuanus*

别　　名　林跳鼠

英 文 名　Sichuan jumping mouse，Chinese jumping mouse

形态特征　体长60mm左右，尾长为体长的1.5倍以上，体重约9g。上唇正中分为两瓣。上门齿红色，具纵沟。后足具5趾，后肢特别长，适于跳跃。背面自前额经眼和两耳间直至尾基部为一宽8mm的纵行暗褐色区，该区两侧为明亮的锈棕黄色。颌下至腹面和前后足纯白色，背腹间分界明显。尾细而匀称，尾端无穗毛，其长为后足长的4倍。尾背面毛暗褐色，腹面前段1/5为橘黄色，其余为白色。

生态习性　栖息于海拔3000～4200m的高山针叶林中，也喜欢在潮湿的灌木丛中活动。白天藏匿，黄昏开始外出觅食；以野果、嫩叶和昆虫为食。中国特有种。

地理分布　四川、云南、甘肃、宁夏、青海和陕西。

三趾跳鼠 *Dipus sagitta*

别　名 三趾跳兔、毛脚跳鼠、沙跳儿

英文名 Northern three-toed jerboa

形态特征 体长约130mm，后足第一趾和第五趾完全退化，仅剩有3趾。前足有5趾，第一趾为短小的瘤突，无趾甲，其余4趾均有坚硬的爪，以利挖掘。4趾中以第三趾最长，第五趾最短。体背毛色随亚种不同而变化多，有赤褐、深棕、沙棕、灰棕和浅黄色。体腹面、前肢和后腿内侧均为纯白色。臀部有一宽白带，从尾基部延伸至体腹面与白色腹毛相连。耳后有一白斑。尾长，尾端有一羽状黑白色毛簇——尾旗。尾两色，背面纯黄色，腹面白色。

生态习性 栖于荒漠、半荒漠和草原地区。洞穴结构简单，洞内无仓库和厕所。过冬洞较复杂，深可达2.5m。夜行性。以草本植物的球茎、种子和花果为食，也吃昆虫。一般每年产1胎，孕期25～30天，每胎产4～6仔。对固沙植物有危害性。

地理分布 新疆、吉林、辽宁、陕西、内蒙古。国外分布于蒙古、中亚地区。

174 五趾跳鼠 *Allactaga sibirica*

别　名　蒙古五趾跳鼠

英文名　Mongolian five-toed jerboa

形态特征　体长约为140mm。头圆，吻钝；耳大似兔。后足很长，为前肢的3～4倍。后足有5趾，第一和第五趾甚短，达不到中间3趾的基部。尾长超过体长的1.5倍。体毛随地区不同有变异，指名亚种背毛沙黄色。针毛基部灰色，毛尖浅棕黄色。由于有部分毛尖黑色，故背毛夹杂一些黑波纹。腹部及四肢内侧为纯白色，臀部两侧及尾根下方为白色。尾两色，背面沙黄色，腹面污白色，末端有黑白相间的扁平毛束。

生态习性　喜栖于干旱草原和山坡草地，在地形较平缓的地方挖洞。多在夜间活动。杂食性。主要食植物种子、果实和嫩叶，也食昆虫。9月份进入冬眠，翌年3月出洞。年产1胎，每胎产2～5仔。有时盗食农作物幼苗，对农作物有害。

地理分布　黑龙江、吉林、河北、新疆、内蒙古。国外分布于哈萨克斯坦、土库曼斯坦、阿尔泰、蒙古等地。

花白竹鼠 *Rhizomys pruinosus*

别　名 白花竹鼠、银星竹鼠、粗毛竹鼠、土伦、竹溜

英文名 Hoary bamboo rat

形态特征 体长不超过400mm，体重1～2kg，尾长接近体长的1/2。四肢短，趾爪扁形似指甲。体被密而长的绒毛，背毛灰褐色或淡褐色，间杂许多尖端白色的粗毛，故又名白花竹鼠。体腹面毛色较淡，且无白色的粗长毛。

生态习性 喜栖息于山区竹林和芒草丛生的地方。挖洞栖居，洞道就挖在竹林和芒草下，可直接取食其茎和根部。洞口常有土堆，洞内有一个窝巢和一个厕所；巢内常铺有竹、芒和干草。夜间活动。主食竹、芒的根和茎。每年繁殖1～2胎，每胎通常2～3仔，多可达5仔。其毛皮可利用。对竹林具破坏性。

地理分布 长江以南各地。国外分布于马来半岛、中南半岛。

保护级别 国家保护的有益的或者有重要经济、科学研究价值的陆生野生动物。

中华竹鼠 *Rhizomys sinensis*

别　名　灰竹鼠、芒鼠

英文名　Chinese bamboo rat

形态特征　体长小于300mm。尾较短，远不及体长的一半，且几乎完全裸露无毛。眼小，耳隐于体毛中。前后的足爪坚硬。体毛细密而柔软，单毛基部灰色；背毛浅灰褐色或粉红灰色，腹毛颜色较淡。

生态习性　栖息环境基本与花白竹鼠相同，但生活习性有差异。花白竹鼠以地面采食为主，中华竹鼠则多在地洞中挖食未出土的竹笋、竹、芒的根，对竹林有破坏性。在洞内进食，所以，有“取食洞道”和“安全洞道”之分；取食洞道离地面近，安全洞道离地面深，可达3m。四季均可见繁殖，年产1～2胎，每胎多产3～4仔。

地理分布　主要分布在长江以南各地。国外分布于缅甸北部。

保护级别　国家保护的有益的或者有重要经济、科学研究价值的陆生野生动物。

大竹鼠 *Rhizomys sumatrensis*

别　名 红颊竹鼠、竹溜

英文名 Sumatran bamboo rat

形态特征 体长大于380mm，体重可达2.5kg。头圆，吻钝，眼极小。尾粗大无毛。体毛较短，稀疏而粗硬。体背面棕灰色，有光泽，毛基部白色。头顶及颈背颜色较暗，接近黑色。两颊呈锈色。体腹面及四肢毛为淡褐色，杂有一些白毛。

生态习性 生活在高山次生竹林中，在竹林下自挖洞穴栖居。洞穴有1～6个洞口，洞口直径110～140mm，周围有土堆。雌雄同居。竹鼠进洞后即把洞口堵塞，洞道复杂，长可达8～9m。多以竹的地下根和竹笋为食，对竹林有破坏性。繁殖期通常在春季和夏季，孕期22天，每胎产3～5仔。初生幼仔未睁眼，身体裸露无毛，24天后眼才睁开，1个月后可吃硬竹。

地理分布 云南西双版纳。国外分布于越南、老挝、缅甸、泰国。

保护级别 国家保护的有益的或有重要经济、科学研究价值的陆生野生动物。

大林姬鼠 *Apodemus peninsulae*

别　名　林姬鼠，朝鲜姬鼠

英文名　Korean field mouse

形态特征　体长70～120mm，尾长稍短于体长。耳向前折可至眼处。体毛夏季褐赭色，冬毛较浅，毛基深灰色。下颏、腹面、四肢内侧、足背均为白色。四肢外侧棕褐色。尾背面褐棕色，腹面为白色。

生态习性　栖息于针阔叶混交林，阔叶稀疏林及农田中。在倒木、枯枝落叶层及树根处用枯草筑巢。多在夜间活动，冬季随食物和隐蔽条件而迁移。食种子、果实及昆虫等，对森林更新有危害。4～11月间繁殖，每胎产4～9仔。

地理分布　黑龙江、内蒙古、河北、陕西、甘肃、青海等地。国外分布于西伯利亚、蒙古、朝鲜。

179 黑线姬鼠 *Apodemus agrarius*

别　名　长尾黑线鼠，田姬鼠

英文名　Striped field mouse

形态特征　体长65～117mm，尾长相当于体长的2/3。耳较短。体毛棕褐色或棕红色。自头、背至尾基有一条黑色纵纹，少数地区无此纹或不明显。腹面和四肢内侧为灰白色。足背白色。尾背面黑色，腹面为白色。

生态习性　栖息于田陇、灌木草丛、草甸和土堤上。多在夜间活动。洞道较简单，有2～3个出口和1～2窝存粮的仓库。杂食性。多以含高淀粉的植物种子等为主食。善游泳。繁殖期多在春、夏和秋季。每胎产4～11仔。是传播流行性出血热等疾病的重要宿主。

地理分布　云南、贵州、四川、广东、广西、浙江、江苏、湖南、湖北、福建、安徽、江西、吉林、辽宁、河北、山西、新疆等地。国外分布于欧洲、朝鲜等地区。

社鼠 *Rattus niviventer*

别名 硫黄腹鼠、白尾星、刺毛灰鼠

英文名 Chinese white-bellied rat

形态特征 体长约135mm，尾长大于或等于体长。耳前折可至眼部。后足长约30mm。体背部棕褐色，头、颈、腹侧为黄棕色或暗棕色。夏季体背部杂有白色硬毛，腹面硫磺色。尾背面棕褐色，腹面为白色，尖端白色。

生态习性 栖于山区树林、灌丛、稻田、菜园、溪旁草丛中。善攀缘，可筑巢于3～5m高处的竹丛中，巢顶用树叶盖住。夜晚活动。食坚果、嫩叶及昆虫等。春夏为繁殖盛期，每胎产4～6仔，亦有多达9只。对农作物有危害性。

地理分布 云南、贵州、四川、安徽、河南、山东、山西、陕西、湖北、河北、辽宁、甘肃、宁夏、青海、西藏等地。国外分布于中南半岛、马来半岛、尼泊尔、爪哇等地。

保护级别 国家保护的有益的或者有重要经济、科学研究价值的陆生野生动物。

181 原仓鼠 *Cricetulus cricetus*

别 名 普通仓鼠、普通斑他鼠、欧仓鼠、花背仓鼠

英文名 Black-bellied hamster

形态特征 体长215～235mm，尾长51～55mm。四肢短小，头宽短，吻圆钝，耳宽圆。体背黄棕色，杂有黑色长毛，背中央至臀上部较明显；体侧、四肢外侧赤黑色；体侧前端具3块白斑，第一块在口周与颊部之间，第二块在颈部和前肢的前方，第三块位于前肢的后方。在后肢前方有一小撮白毛。鼻眼间、颊前部、耳周及第一二块白斑间为浓赤褐色。耳缘有白色短毛，耳下方有一小块白斑；喉、腹、四肢内侧为纯黑色；后足部腹面、小腿和大腿侧面均为黑色。掌部裸露，掌垫发达。尾背、腹面均赤褐色，尾基毛长而密，末端毛较密。

生态习性 栖于荒漠草原、森林草原、农田、菜地和果园等处。穴居，晨昏活动频繁。4～8月繁殖，妊娠18～20天，年产1～2胎，每胎4～12仔。

地理分布 新疆北部。国外分布于中欧等地。

黑线仓鼠 *Cricetulus barabensis*

别　名　花背仓鼠、纹背仓鼠

英文名　Striped hamster

形态特征　体长83～95mm，尾长约33mm。吻钝，耳圆，四肢短小。两颊膨大为颊囊。体背毛黄褐色或灰褐色，毛基黑灰色，尖端黄褐色杂有少数黑毛尖。背中央至尾基有一条黑色条纹，有的个体不太明显。吻、颊、大腿外侧与背同色，吻侧、腹面、颏、喉部均为白色。尾背面黄褐色，腹面有白色短毛。爪白色。

生态习性　栖于草原、半荒漠干旱草原、山坡、高山及河谷的林缘灌丛、山地针阔叶林、农田、住宅、仓库等处。穴居。洞道结构复杂。雌雄分居。食植物种子、嫩草、根、花、果实及粮食和昆虫等也食禾苗，使粮食减产。冬天啃食植物根。夜晚活动，春末开始繁殖，年产3～4胎，每胎4～8仔。是鼠疫和流行性出血热的主要传染源之一。

地理分布　黑龙江、吉林、辽宁、山东、山西、河南、河北、江苏、安徽、湖北、陕西、甘肃、内蒙古等地。国外分布于俄罗斯、蒙古。

大仓鼠 *Cricetulus triton*

别　名 灰仓鼠、大腮鼠、搬仓鼠

英文名 Greater long-tailed hamster

形态特征 体长140～180mm，尾长80～105mm。头宽大，颊囊发达。耳短圆，眼小。四肢短粗。自头、背部至尾基深灰色或黄褐色。背中央无条纹，但较深暗，毛尖沙黄色，杂少许黑色长毛尖，毛基黑灰色。颊、喉纯白色。腹侧、四肢内侧为白色或略带黄色，胸部稍染黄色。尾短而直，尾毛较稀，毛色与背同，尾端白色。足掌裸露。

生态习性 栖于农田、荒地、草甸、草原、河谷、山地灌丛及林缘地带。食性杂。主食农作物种子、叶、茎、果实、草籽和昆虫等，尤喜食豆类植物。穴居。洞系复杂，洞内有巢室和多个贮粮仓库，食物分仓存放。不冬眠。夜行性，活动高峰在黄昏。性情凶残好斗，遇敌主动出击，繁殖季节咬杀较弱雄鼠。我国特有种。是鼠疫等传染性疾病的带菌者。

地理分布 山东、山西、河南、河北、陕西、甘肃、宁夏、江苏、安徽、内蒙古、黑龙江、吉林、辽宁等地。

黑线毛足鼠 *Phodopus sungorus*

别　　名　准噶尔毛足鼠，毛蹠鼠，小白鼠，松花江毛足鼠

英 文 名　Dzhungatian hamster

形态特征　体长68～85mm，尾长10mm。耳内有灰白色短毛。在背中央有一条棕黑色纵纹。鼻端、背部灰色，杂有少量较长的黑色毛；下颏、胸腹均为白色；背、胸腹部具明显但稍弯的分界线，有3个圆形白斑。四足短小，足部毛纯白色。尾背面深灰色，腹面白色。

生态习性　栖于荒漠、半荒漠干旱草原，植被稀疏的沙地及干枯的河床等处。洞居，洞道短而简单，末端为巢室和仓库，洞口多有1～3个，有进洞堵洞口的习性。夜晚活动。食植物种子、嫩芽、根茎及昆虫等。春季开始繁殖，年产2～3窝，妊娠18～19天，每胎4～6仔。危害草场，传染疾病。

地理分布　分布在内蒙古、新疆、河北北部。国外分布于哈萨克斯坦、外贝加尔东南地区、蒙古。

短耳沙鼠 *Brachiones przewalskii*

别　名　短耳鼠、普氏短耳沙鼠

英文名　Cape short-eared gerbil, Przewalski's gerbil

形态特征　体长92～103mm，尾长70～75mm。头、背淡灰棕色或浅沙黄色，背毛间杂有黑色长毛尖，毛基灰色。眼上方有一块不明显的白斑。耳背与背部毛色同，耳前缘白色，耳后颈侧白色。颊、喉、腹面、体侧、四肢的毛均为白色，后足掌具稀疏的白毛。近足根有一裸露的窄条。爪较长，灰白色或灰褐色。尾毛较密，上面沙黄色，下面较浅，尾端具有黑色毛梢。

生态习性　栖息于沙漠的固定沙丘或半固定沙丘，喜在生长红柳、芦苇、灌溉水渠堤岸及干旱植物地带活动。食植物绿色部分及种子，兼食昆虫等。洞居。洞较简单，洞旁有小土堆，洞分散，不成群。4月间产仔。我国特有种，是出血热病毒次级储存宿主。

地理分布　新疆南部、内蒙古西部、甘肃西部。

中华鼢鼠 *Myospalax fontanieri*

别　名　瞎老鼠、瞎狯、仔隆（西藏）

英文名　Common Chinese zokor

形态特征　体长193～250mm，尾长57mm左右。前爪特别粗大，第二第三趾几乎相等。耳小，隐于毛中。吻上方两眼之间有一较小淡色区，额部中央有一小白斑。头、背部为鲜亮锈红色或灰褐色，腹面灰黑色，毛尖带锈红色。尾、足背面白色或淡灰色。尾毛较多，但仍可看到皮肤。

生态习性　栖于草原荒地、丘陵山坡、河谷、农田区域及海拔3800～3900m的高山草甸中。终生营地下生活。洞道复杂，觅食道很长，弯曲多分支，距地面约100mm。有巢室、便所和多个仓库，巢室在500～1800mm深处。独居。雌性窝较深。食植物根、马铃薯、花生、甘薯、豆类、苜蓿及杂草根、茎等。有贮藏食物的习性。春季繁殖，每胎产仔3～7只。我国特有种。

地理分布　内蒙古、辽宁、河南、河北、山西、陕西、甘肃、宁夏、青海等地。

棕背䶄 *Clethrionomys rufocanus*

别　名　红毛耗子、山鼠、大牙红背䶄

英文名　Grey red-backed vole

形态特征　体长约100mm，尾长约为体长的1/3，尾上被短毛。头部、眼至吻端灰褐色。颈、背至臀部棕红色。体侧黄灰毛，杂有黑毛。腹面污白色，腹中央微染黄色。尾背面棕红色，腹面灰白色。四肢内侧色较灰。

生态习性　栖于针阔叶混交林或溪边草丛中。在地势较高、土质较干燥处或倒木旁、树根处筑巢。夜晚活动。食植物绿色部分，也啃咬幼树皮。不冬眠。每年产2～3次，5月初开始繁殖，每胎1～8仔，以4～6仔居多。危害农作物。

地理分布　吉林、黑龙江、辽宁、内蒙古、河北、山西、新疆等地。国外分布于蒙古、日本、朝鲜。

麝鼠 *Ondatra zibethica*

别　名　水耗子、青眼貂

英文名　Muskrat

形态特征　体长266~300mm，尾长170~250mm。头大，吻圆钝、颈不明显，耳隐于毛中。后足趾间有蹼，趾两侧有梳状毛，爪强有力。尾侧扁，有圆形鳞片和稀疏的黑色短毛。麝腺发达，分泌物具有强烈的麝香味。体背棕褐或黄棕色，体侧淡棕色。下颏至鼠蹊部淡棕黄色，腹面棕黄色或浅灰色。绒毛灰白色，毛基银灰色。四肢毛棕褐色，毛尖棕黄色。胡须基本黑色，须尖棕黄色。

生态习性　栖于水生植物丰富的沼泽地、湖滩、池塘、河流沿岸，为半水栖兽类。在岸边挖洞筑巢，有两个洞口，一个在较隐蔽的岸边，另一个在水下。多在芦苇、香蒲等水生植物丛生、水流平缓处活动。黄昏和黎明活动频繁。主食芦笋、蒲笋和植物根、茎等。春末开始繁殖，年产2~3胎，每胎3~10仔。易造成水灾危害。麝鼠香腺可制高级香料及作中药材原料。

地理分布　外来种。见于黑龙江、内蒙古、新疆、陕西、江苏、广西等地。国外分布于蒙古、俄罗斯、西欧。

兔形目

LAGOMORPHA

本目有兔类和鼠兔类，它们均无犬齿，门齿大。上门齿2对，前后排列，大门齿在前，小门齿紧靠在大门齿的后面，呈小圆柱形，门齿与前臼齿间有很长的齿隙。兔科耳较长，鼠兔科的耳短圆，尾短小或缺如。上唇中部有纵裂。草食性。

我国大部分地区有分布，已记载有31种。

兔形目 LAGOMORPHA　鼠兔科 Ochotonidae

西藏鼠兔 *Ochotona thibetana*

别　名　藏鼠兔

英文名　Moupin pika

形态特征　体长约150mm。耳短小而圆，耳缘白色。体背面毛色变化较大，但以褐色为基本色调，有一个浅黄色斑。腹部毛色较淡，呈灰黄色。喉部有一浅黄色横带。胸、腹部有一条界线不清的浅黄色纵纹。尾背面灰色或土黄色。

生态习性　栖息于海拔较高的针叶林区或谷地灌丛草地中，也到采伐迹地、林间草坡和山地灌丛草原活动。挖洞或利用天然石隙、墓地和枯枝烂叶堆中栖居。洞道不超过3m，离地面较近，有3～5个洞口。以苔藓、野草和野菜为食。昼夜均有活动，雨天也外出觅食。繁殖期约在4～10月，每胎产1～5仔。为草原上的主要害兽，破坏大片草原。

地理分布　西藏、青海、四川、云南、甘肃、陕西，山西和湖北也曾有过记载。

红耳鼠兔 *Ochotona erythrotis*

别　名　中国红鼠兔

英文名　Chinese red pika

形态特征　体长225~285mm。有冬夏毛之分。冬毛：头部和体背面及四肢灰黄色，耳背面鲜赤锈色；内面几乎裸露，仅具少量白毛，耳基部有一簇长白毛；足部背面白色；体腹面白色；喉部有浅黄色环，其中间黄色环向腹中间伸展。夏毛：头和体背面赤黄色；颏部、腹部和四肢白色，毛基部浅灰色。

生态习性　营群居生活，在黄土区自挖洞穴或利用乱石堆中的石隙建巢。洞穴形式不一，因地形而异，有垂直洞道，也有倾斜的洞道，洞口有多个，巢窝内铺以干草。白天活动，常发出呼叫声，尤其发现有人或天敌接近，立即发出尖锐的叫声，然后迅速钻入洞内。我国特有种。

地理分布　甘肃、青海、西藏、四川、云南西北部。

达乌尔鼠兔 *Ochotona daurica*

别　名　兔鼠子

英文名　Daurian pika

形态特征　体长170～200mm。体毛颜色冬夏两季不同。冬毛较长，背部和四肢外侧为沙黄褐色或黄褐色，腹毛基部灰色，尖端乳白色；在颈下与胸部中央具一沙黄色斑。夏毛较短，背部黄褐色，并杂有全黑色的细毛。喉部也有土黄色领圈和一条淡黄色纵纹。

生态习性　主要生活在西北地区的干草原和草甸草原。挖土洞栖居，有冬洞和夏洞。冬洞较深，面积较大，洞内分支多，有巢室和1～3个仓库，洞口有3～7个；夏洞较简单，分支少，无巢室。冬季不休眠，在雪下活动，觅食地下的植物茎和根，也到地面取食树叶和草，常把草贮存于洞内“仓库”中。每年可繁殖2胎，每胎产3～4仔，最多可达8仔。

地理分布　西藏、内蒙古、青海、宁夏、四川、甘肃、陕西、河北等地。国外分布于阿尔泰、蒙古、外贝加尔湖地区。

兔形目 LAGOMORPHA 鼠兔科 Ochotonidae

高山鼠兔 *Ochotona alpina*

别　名 阿尔泰鼠兔

英文名 Northern pika，Altai pika

形态特征 体长150～220mm。四肢短小，尾短，隐藏于毛中。耳长15～26mm，圆形，边缘白色，冬毛和夏毛颜色不同。冬毛基本灰色，略染黄色调；夏毛色较深，以褐色为基本色调，略染黄色或赤色。

生态习性 栖息于山地乱石间，以石隙筑巢，成群居住。主食植物的嫩绿部分和苔藓类，也吃松籽、橡籽、榛籽等坚果。冬季不休眠，有贮草习性。每年可繁殖2次，繁殖期从3月上旬开始至8月间为止。每胎产2～3仔。对农作物有危害性。

地理分布 分布于大小兴安岭和长白山一带以及新疆、宁夏、甘肃等地。国外分布于乌拉尔、俄罗斯、阿尔泰、贝加拉湖区、西伯利亚、堪察加、库页岛、蒙古、北海道等地。

高原鼠兔 *Ochotona curzoniae*

别　名　黑唇鼠兔

英文名　Black-lipped pika

形态特征　体长120～190mm，耳长16～24mm，体重可达178g。吻、鼻部被毛黑色，耳背面黑棕色，耳壳边缘淡色。从头脸部经颈、背至尾基部沙黄或黄褐色，向两侧至腹面颜色变浅。腹面污白色，毛尖染淡黄色泽。

生态习性　栖息于高海拔的开阔草原草甸区，营穴居生活。洞道先垂直向下，深0.5m左右再横伸1～2m。白昼活动。食草。繁殖从4月开始，5月为孕期高峰，至8月结束。孕期30天，每胎通常产3～4仔，多达6仔。每年可繁殖2胎，繁殖期雌雄同栖一洞，以后各自独立生活。是高原牧区的主要害鼠，数量多，对草原植被危害较大。

地理分布　西藏、青海、四川、甘肃、内蒙古、新疆等地。国外分布于锡金。

194

狭颅鼠兔　*Ochotona thomasi*

别　名　托氏鼠兔

英文名　Thomas’pika

形态特征　体长约138mm，体重约60g。耳小，耳长不足27mm。体毛颜色冬夏不同。夏毛体背毛暗黄褐色，腹面和喉部淡白色，腹部边缘带黄色，腹中央有赭黄色条纹区。冬毛背毛鼠灰色，黑色毛尖较显，次端为乳黄色。

生态习性　栖息于高海拔，草原地带。夜间行动，食大量青草及各种植物，有储食过冬习性。4～8月为繁殖期。每年有3胎，每胎产2～5仔。我国特有种。是高原牧区的主要害鼠，数量多，对农作物和草原植被危害较大。其粪为中药“草灵脂”。中国特有种。

地理分布　四川、青海、甘肃。

195

草兔 *Lepus capensis*

别　名　野兔、蒙古兔、跳猫

英文名　Brown hare

形态特征　体长可达450mm，体重2～2.5kg。耳甚长，向前折可超过鼻端，尖端背面黑褐色。体毛棕黄色，背部有不规则的黑褐色纵纹，有一些针毛伸出毛被外。胸、腹部污白色，尾背面中央有宽的黑色纵纹，尾的两侧及下面为白色。

生态习性　多在丘陵地和平原草地、河漫滩地等多种环境栖息，尤其喜欢在农田、菜地、果园附近的荒山居住。白天潜伏在洞穴或草丛中，傍晚外出觅食。多单独活动，性机警而胆小。靠快速奔跑和跳跃躲避敌害。主食各种植物的嫩枝叶，树苗等，常到田间偷食蔬菜和作物幼苗等。繁殖力强，几乎全年都能繁殖。年繁殖4～6胎，每胎产2～6仔。对农作物有危害性。

地理分布　长江流域以北各地和西南地区。国外分布于非洲、欧洲、印度半岛、蒙古、阿富汗、伊朗等地。

经济意义　国家保护的有益的或者有重要经济、科学研究价值的陆生野生动物。

雪兔 *Lepus timidus*

别　名　白兔

英文名　North-east hare, Mountain hare

形态特征　体长480～540mm，体重3kg左右。耳较后足短，向前折可达鼻端。尾极短，其长不及后足之半，后足长多超过140mm。冬毛全身雪白，仅在耳尖及眼周围有黑色。毛密而长，背部毛长30mm左右。体侧、腹部毛长达55mm以上。夏毛体背为棕褐色，体侧较背部稍淡。臀部和尾上部深灰色，腹部及尾下面白色。前后足上部暗棕色，下部污白色。

雪兔皮

生态习性　栖息在针阔混交林中。白色的冬毛与积雪的环境相适应，极利其隐蔽。常在雪中做洞或用枯枝落叶筑巢穴。成对生活。夜间活动。听、嗅觉都很发达。以多汁的草本植物为主食，食物缺乏时也食树枝。基本上年繁殖1次，每胎产4～6仔。已人工驯养繁殖。

地理分布　国内仅分布于新疆、内蒙古、黑龙江。国外分布于欧洲大陆、北美、蒙古、北海道。

保护级别　国家Ⅱ级重点保护野生动物。

高原兔 *Lepus oiostolus*

别　　名　灰尾兔、绒毛兔

英 文 名　Woolly hare

形态特征　体长约500mm，体重3～5kg。毛被厚而柔软，多数背部毛尖端弯曲，使整体毛被稍显波浪形。耳向前折可超过鼻端。头、颈、体的背面毛色呈沙黄色或沙灰褐色等。臀部及尾背面灰色，尾两侧及腹面白色。颈部有棕色斑。腹毛白色，腹中线有淡棕色调。尾部较宽阔，尾短。

生态习性　栖息于森林、草原、灌丛和农田等多种环境中。白天隐于草丛或石隙间，入夜以后至凌晨出来觅食各种草和嫩枝叶，以禾本科植物为主，也盗食作物区里的幼苗和果实如燕麦、青稞等。平时多单独活动，繁殖期间可见数只兔子在一直觅食或互相追逐，发出“gu gu gu”的叫声。利用旱獭的弃洞或岩石缝隙产仔，每胎多产2只。已人工驯养繁殖。

地理分布　西藏、青海、四川、甘肃、新疆等地。国外见于尼泊尔、锡金等地。

保护级别　国家保护的有益的或者有重要经济、科学研究价值的陆生野生动物。

华南兔 *Lepus sinensis*

别　　名　短耳兔、粗毛兔、野兔

英 文 名　Chinese hare

形态特征　体长约400mm，后足长80～100mm。耳较短，向前折不达鼻端，其长度不及后足长。尾长约为后足长的2/3。体背毛多为棕褐色，额部及头部的毛因具短的黑色毛尖，故毛色较显暗黑。体侧浅黄色，腹部和四肢内侧白色或稍染黄色。尾背面棕褐色，腹面淡黄色。

生态习性　栖息环境较广泛，只要有灌木林和草丛可以藏身，附近又有食物就可以生存。白天隐藏，入夜活动。无固定的洞穴，但活动范围不大。食物为各种野生杂草、幼苗、蔬菜、瓜果、豆类等。繁殖力强，每年可产2～4胎，每胎3～5仔。

地理分布　广东、广西、江西、湖南、江苏、浙江、安徽、台湾等地。国外分布于朝鲜。

保护级别　国家保护的有益的或者有重要经济、科学研究价值的陆生野生动物。

东北兔 *Lepus mandschuricus*

别　　名　野兔、草兔、黑兔、山跳子

英 文 名　Manchurian hare

形态特征　体长410～540mm，后足长110～150mm，重2～3kg。耳向前折不到鼻端。尾长不到后足长的一半。头部颜色较复杂，有各种不同颜色的毛区。背部棕黑色，有不规则的黑色波纹。单毛颜色可分为4段，毛尖黑色，向下为淡棕色，再下为黑色，基部为黑灰色。体侧及四肢外侧毛色较淡。腹部中央为白色。夏毛较冬毛着色深些。

生态习性　主要生活在森林中，喜欢在稀疏的针阔叶混交林中。白天很少活动，夜间觅食。食物以各类杂草为主，冬季也啃树皮和幼枝。平时无固定的巢穴，产仔巢在灌丛或草丛中的凹地中。年繁殖2胎，每胎产2仔以上。国内已大量人工驯养繁殖。

地理分布　黑龙江、辽宁、吉林、内蒙古。国外分布于朝鲜、乌苏里等地。

保护级别　国家保护的有益的或者有重要经济、科学研究价值的陆生野生动物。

塔里木兔 *Lepus yarkandensis*

英文名　Yarkand hare

形态特征　体长350～430mm，体重1.2～2kg。整体毛色较浅，尤其冬毛，体背至尾上面均为浅沙棕色，喉及腹部白色。夏毛背面沙褐色，间杂灰黑色的细斑，体侧面毛色较淡，黑斑甚少。腹面白色。尾背面、四肢外侧毛色与体侧毛色相同，尾腹面及四肢内侧均为白色。

生态习性　栖息于塔里木盆地荒漠和沙丘地带的绿洲中，白天很少活动，夜间觅食。食物以各类杂草为主，冬季也啃食树皮和幼枝，对农作物有一定的危害性。平时无固定的巢穴，产仔巢在灌丛或草丛中的凹地中。年繁殖2胎，每胎产3～5仔。中国特有种。

地理分布　仅分布于我国新疆南部的塔里木盆地。

保护级别　国家Ⅱ级重点保护野生动物。

中文名索引

M

N

O

P

Q

R

S

T

拉丁学名索引

A

B

C

D

E

F

G

H

英文名索引

参考文献

冯祚建，蔡桂全，郑昌琳.1986.西藏哺乳类.北京：科学出版社

高耀亭，彭鸿绶，周嘉樀等．1987．中国动物志（兽纲·食肉目）．北京：科学出版社

黄文几，陈延熹，温业新．1995．中国啮齿类．上海：复旦大学出版社

罗蓉，谢家骅，梁智明等．1993．贵州兽类志．贵阳：贵州科学技术出版社

罗泽珣，陈卫，高武等．2000，中国动物志（兽纲·啮齿目·仓鼠科）．北京：科学出版社

马逸清等．1986．黑龙江省兽类志．哈尔滨：黑龙江科学技术出版社

孟帆，王蘅，李智泉等．2004．水生野生保护动物识别手册．北京：科学出版社

盛和林，李文军，曹克清等．1992．中国鹿类动物．上海：华东师范大学出版社

寿振黄，夏武平，罗泽珣等．1962．中国经济动物志·兽类．北京：科学出版社

《四川资源动物志》编委会．1984．四川资源动物志（第二卷）．成都：四川科学技术出版社

王岐山等．1990．安徽兽类志．合肥：安徽科学技术出版社

王应祥．2003．中国哺乳动物种和亚种分类名录与分布大全．北京：中国林业出版社

王酉之，胡锦矗，岩崑等．1999．四川兽类原色图鉴，北京：中国林业出版社

吴家炎．1990．中国羚牛，北京：中国林业出版社

徐龙辉，刘振河，高育仁等．1983．海南岛的鸟兽．北京：科学出版社

徐龙辉，刘振河，王蘅．1987．广东野生动物彩色图谱．广州：广东科学技术出版社

徐龙辉等．1989．广东山区经济动物．广州：广东科学技术出版社

中国野生动物保护协会秘书处．1990．国家重点保护野生动物图谱．哈尔滨：东北林业大学出版社

中华人民共和国濒危物种进出口管理办公室．1997．中国哺乳动物分布．北京：中国林业出版社

Alderton，D. 1996．Rodents of the World．New York：Facts on File．

Bates，P. J. J. and D. L. Harrison．1997．Bats of the Indian Subcontinent．Kent：Harrison Zoological Museum．

Corbet, G. B. and J. E. Hill. 1991. A World List of Mammalian Species (3rd ed.). London: British Museum (Natural History) Publication.

Geist, V. 1998. Deer of the World: Their Evolution, Behaviour, and Ecology. Mechanicsburg: Stackpole Books.

Gittleman, J. L. 1989. Carnivore Behavior, Ecology, and Evolution. New York: Comstock Publishing.

Macdonald, D. W. 2001. Encyclopedia of Mammals. New York: Facts on File.

McKenna, M. C. and S. K. Bell. 1997. Classification of Mammals. New York: Columbia University Press.

Nowak, R. M. and J. L. Paradiso. 1999. Walker' s Mammals of the World (6th ed). Vols. 1 & 2. Baltimore and London: The Johns Hopkins University Press.

Perrin, W. F. B. Wursig, J. G. M. Thewissen. 2002. Encyclopedia of Marine Mammals. San Diego: Academic Press.

Rowe, N. 1996. The Pictorial Guide to the Living Primates. Charlestown: Pogonias Press.

Sokolov, W. E. 1984. A Dictionary of Animal Names in Five Languages. Moscow: Russky Yazyk.

Sunquist, M. and F. Sunquist. 2002. Wild Cats of the World. Chicago: University of Chicago Press.

Wilson, D. E. and D. M. Reeder. 2005. Mammal Species of the World – A Taxonomic and Geographic Reference (3rd ed.). Baltimore and London: The Johns Hopkins University Press.

图书在版编目（CIP）数据

中国兽类识别手册 / 岩崑，孟宪林，杨奇森主编. 北京：中国林业出版社，2006.5
ISBN 7-5038-4326-8

Ⅰ.中… Ⅱ.①岩… ②孟… ③杨… Ⅲ.动物—中国—图集 Ⅳ.Q95-64

中国版本图书馆 CIP 数据核字（2006）第 009230 号

出　　版　中国林业出版社（100009　北京市西城区刘海胡同 7 号）
网　　址　www.cfph.com.cn
E－mail　cfphz@public.bta.net.cn
电　　话　010-66184477
发　　行　新华书店北京发行所
制　　作　北京市佳虹文化传播有限责任公司
印　　刷　北京市达利天成印刷装订有限责任公司
版　　次　2006 年 6 月第 1 版
印　　次　2006 年 6 月第 1 次
开　　本　128mm × 213mm　32 开
印　　张　8
印　　数　1～3 000 册
定　　价　88.00 元